AF832755

Präsentation
im Auftrag des Bundesministeriums
für Forschung und Technologie (BMFT)
am 25. September 1979 in Köln

Faserverbundwerkstoffe

Herausgeber:
Projektträgerschaft »Metallurgie, Werkstoffentwicklung, Rückgewinnung« des BMFT bei der DFVLR, Köln
Wissenschaftliche Leitung und Redaktion:
W. Bunk und J. Hansen

Springer-Verlag Berlin Heidelberg New York 1980

Professor Dr. rer. nat. Wolfgang Bunk
Direktor des Instituts für Werkstoff-Forschung
der Deutschen Forschungs- und Versuchsanstalt für Luft- und Raumfahrt e.V., Köln-Wahn

Dr. rer. nat. Jörn Hansen
Wissenschaftlicher Mitarbeiter am Institut für Werkstoff-Forschung
der Deutschen Forschungs- und Versuchsanstalt für Luft- und Raumfahrt e.V., Köln-Wahn

Mit 70 Abbildungen, 14 Tabellen

CIP-Kurztitelaufnahme der Deutschen Bibliothek

Faserverbundwerkstoffe: Präsentation im Auftrag des Bundesministeriums für Forschung und Technologie am 25. 9. 1979 in Köln / Hrsg.: Projektträgerschaft Metallurgie, Werkstoffentwicklung, Rückgewinnung bei der DFVLR, Köln. Wissenschaftliche Leitung und Redaktion: W. Bunk und J. Hansen. – Berlin, Heidelberg, New York: Springer, 1980.

ISBN-13: 978-3-540-10077-5 e-ISBN-13: 978-3-642-81468-6
DOI: 10.1007/978-3-642-81468-6

NE: Bunk, Wolfgang (Red.); Deutsche Forschungs- und Versuchsanstalt für Luft- und Raumfahrt 〈Köln〉 / Projektträgerschaft Metallurgie, Werkstoffentwicklung, Rückgewinnung.

Das Werk ist urheberrechtlich geschützt. Die dadurch begründeten Rechte, insbesondere die der Übersetzung, des Nachdruckes, der Entnahme von Abbildungen, der Funksendung, der Wiedergabe auf photomechanischem oder ähnlichem Wege und der Speicherung in Datenverarbeitungsanlagen bleiben, auch bei nur auszugsweiser Verwertung, vorbehalten.

Bei Vervielfältigungen für gewerbliche Zwecke ist gemäß § 54 UrhG eine Vergütung an den Verlag zu zahlen, deren Höhe mit dem Verlag zu vereinbaren ist.

© Springer-Verlag, Berlin/Heidelberg 1978

Die Wiedergabe von Gebrauchsnamen, Handelsnamen, Warenbezeichnungen usw. in diesem Buche berechtigt auch ohne besondere Kennzeichnung nicht zur Annahme, daß solche Namen im Sinne der Warenzeichen- und Markenschutz-Gesetzgebung als frei zu betrachten wären und daher von jedermann benutzt werden dürfen.

2362/3020 – 5 4 3 2 1 0

V O R W O R T

In den vergangenen Jahren wurde den Industrienationen immer stärker bewußt, in welch erheblichem Maße sich Engpässe in der Versorgung mit Rohstoffen auf die Funktionsfähigkeit der Wirtschaft und auf den Lebensstandard der Bevölkerung auswirken können. Diese Erkenntnis veranlaßte den Bundesminister für Forschung und Technologie zur Konzeption des Rahmenforschungsprogramms "Rohstoff-Forschung 1976-1979", das 1976 veröffentlicht wurde.

Das Programm ist in drei Zielbereiche gegliedert. Unter dem Zielbereich B: "Einsparung von Rohstoffen" ist die "Substitution knapper Roh- und Werkstoffe unter Einsatz reichlich vorhandener Rohstoffe" (B 1) angegeben. Hierzu zählt das Gebiet der Faserverbundwerkstoffe. Diese Werkstoffe bieten ausgezeichnete Substitutionsmöglichkeiten im Sinne des Rohstoff-Forschungsprogramms aufgrund ihres Potentials hinsichtlich optimaler Werkstoffeigenschaften einerseits und der Verfügbarkeit ihrer Rohstoffe andererseits.

Die Förderung von Forschungs- und Entwicklungsvorhaben im Bereich der Faserverbundwerkstoffe in der Projektträgerschaft "Metallurgie - Werkstoffentwicklung - Rückgewinnung" der DFVLR, Institut für Werkstoff-Forschung, ist so alt wie die Projektträgerschaft selber. Sie ist jedoch nie über 8 % der Gesamtaktivität in der Projektträgerschaft hinausgewachsen. Gefördert wurden und werden Vorhaben zu den gerichtet erstarrten eutektischen Legierungen für den Einsatz in Gasturbinen und Arbeiten zu den Faserverbundwerkstoffen mit Aluminium-Matrix. Die letzteren Arbeiten wurden in enger Zusammenarbeit der Firmen Forschungsinstitut Berghof-Tübingen, Dornier System-Friedrichshafen, Felten & Guilleaume Carlswerke-Köln und VAW-Bonn durchgeführt. Diese Vorhaben liefen Ende 1979 aus. Über ihre Ergebnisse wurde in einer öffentlichen Präsentation am 25. September 1979 in Köln berichtet. Der vorliegende Tagungsband enthält die Schlußberichte zu diesen Arbeiten. Sie sind demgemäß umfassender als die gehaltenen Vorträge.

Die Präsentation wurde durch eine Podiumsdiskussion ergänzt, bei der die Perspektiven und das Potential der Faserverbundwerkstoffe auf Metall- und Kunststoffbasis aufgezeigt wurden. Die Diskussionsergebnisse sollen dem Bundesminister für Forschung und Technologie als Entscheidungshilfe dienen, ob und in welchem Umfang eine Förderung der Faserverbundwerkstoffe weitergeführt werden kann. Eine ausführliche Ergebnisniederschrift der Podiumsdiskussion und der daraus gezogenen Schlußfolgerungen sind ebenfalls in diesem Tagungsband enthalten.

Ausrichtung und Organisation der Präsentation lagen im Auftrag des Bundesministeriums für Forschung und Technologie beim Projektträger des Programms, dem Institut für Werkstoff-Forschung der Deutschen Forschungs- und Versuchsanstalt für Luft- und Raumfahrt.

Köln, im Januar 1980 W. Bunk, J. Hansen

INHALTSVERZEICHNIS

Übersicht über die präsentierten Arbeiten zu den Faserverbundwerkstoffen aus der Projektträgerschaft "Metallurgie - Werkstoffentwicklung - Rückgewinnung"

J. Hansen
Deutsche Forschungs- und Versuchsanstalt
für Luft- und Raumfahrt e.V., Köln

Die Entwicklung von Faserverbundwerkstoffen innerhalb der Projektträgerschaft "Metallurgie - Werkstoffentwicklung - Rückgewinnung" wurde bis Ende 1979 in 9 F+E-Vorhaben der Firmen Berghof, Dornier-System, Felten & Guilleaume und VAW mit einem Bundeszuschuß von ca. 3,1 Mio DM gefördert.

Ziel dieser Arbeiten war die Vorentwicklung zu Faserverbund-Produkten aus Aluminium-Matrix und keramischen Kurz- und Langfasern oder Stahlfasern. Auf der übernächsten Seite sind in einer Übersicht die Arbeiten aufgegliedert worden, die in enger Kooperation der beteiligten Firmen durchgeführt wurden. Die Pfeile in dieser Darstellung zeigen den Materialfluß: Links sind die verwendeten Fasermaterialien und rechts die angestrebten Produkte aufgeführt. Die eingerahmten Kästchen umgrenzen die hier präsentierten Arbeiten.

Für die Herstellung von Faserverbundwerkstoffen mit Metallmatrix werden Fasern benötigt, die hohen Anforderungen bezüglich ihrer Temperaturbeständigkeit, ihrer chemischen Resistenz und anderer Eigenschaften genügen müssen. Hier hat sich die Siliciumcarbidfaser angeboten. Im Forschungsinstitut Berghof wurde die Herstellung dieser Faser nach dem CVD-Verfahren durch Abscheidung des SiC aus der Gasphase auf einem heißen Wolframdraht weiterentwickelt. Ziel war es, eine Siliciumcarbid-Endlosfaser hoher Qualität herzustellen. Zur Ergänzung wurde versucht, die Herstellungskosten zu minimieren.

Die Arbeiten des Leichtmetall-Forschungsinstitutes der Vereinigten Aluminiumwerke lagen auf dem Gebiet der Halbzeugherstellung. Es wurden Verfahren zur Kurz- und Langfaser-Verstärkung von Aluminium-Halbzeugen entwickelt. Anfängliche Versuche, Kurzfasern auf pulvermetallurgischem Wege einzubetten, blieben erfolglos. Es gelang, durch Hochdruck-Schmelzinfiltration von Kurzfasermatten aus ausgerichteten Ni-beschichteten Al_2O_3-Sinterfasern Proben mit guter Verstärkungswirkung herzustellen. Ebenfalls erfolgreich verliefen Versuche, SiC-Langfasern nach dem gleichen Verfahren einzubetten. Diese Verfahren sind zur Vollverstärkung einfacher Druckgußteile geeignet oder zur Teilverstärkung konventioneller Gußteile durch eingelegte vorgefertigte Verstärkungselemente. Eine weitere Entwicklungslinie soll zur Herstellung ein- und mehrlagig faserverstärkter Al-Bleche dienen. Versuche, durch Heißpressen von dünnen Al-Blechen mit zwischengelegten Geweben aus SiC-Fasern einen Verbundwerkstoff herzustellen, verliefen erfolgreich.

Weitere Arbeiten auf dem Gebiet der Halbzeuge wurden bei Berghof in Zusammenarbeit mit Felten & Guilleaume Carlswerk durchgeführt: Man zieht ein Faserbündel durch ein Al-Schmelzbad und stellt dadurch einen Verbunddraht her. Als Fasermaterial wurden SiC-Fasern verwendet. Vorläufer auf diesem Gebiet waren Arbeiten bei Dornier-System, Friedrichshafen. Angestrebt wurde ebenfalls der Einsatz von Stahldrähten als Fasermaterial. Wegen der Schwierigkeiten bei der Drahtanordnung, der Benetzung der Stahldrähte und der Wärmeeinwirkung auf diese beschränkte man sich zunächst auf die Beschichtung eines einzelnen Stahldrahts nach diesem Verfahren zu einem Manteldraht.

Produkt-Vorentwicklungen wurden im Rahmen dieser Arbeiten bei Felten & Guilleaume Carlswerk betrieben. Zu nennen sind vier Zielrichtungen: Durch Bündelung der eben beschriebenen Verbunddrähte, Ummantelung mit einer Al-Schicht und Verdichtung erhält man Verbundstangen, die etwa bei Luftkabeln eingesetzt werden können. Durch Einlagerung von Verbund- oder Manteldrähten in Al-Rohren mit Axialriefen und Ummantelung erhält man Verbundrohre mit hoher Längssteifigkeit, wie sie als Förder- oder Walzenrohre Einsatz finden können. Ein weiteres Ziel war die tangentiale Verstärkung von Rohren für mögliche Anwendungen als Hydraulikzylinder oder Druckbehälter. Hierzu wurden Rohre mit Aluminium-Innenlinern mit verschiedenen Fasern gewickelt und getestet. Die Ergebnisse sind erfolgversprechend. Als letzte Zielrichtung sei die laufende Entwicklung zu einer nach ähnlichen Verfahren hergestellten gewickelten Kardanwelle erwähnt, auf die hier jedoch nicht eingegangen werden soll.

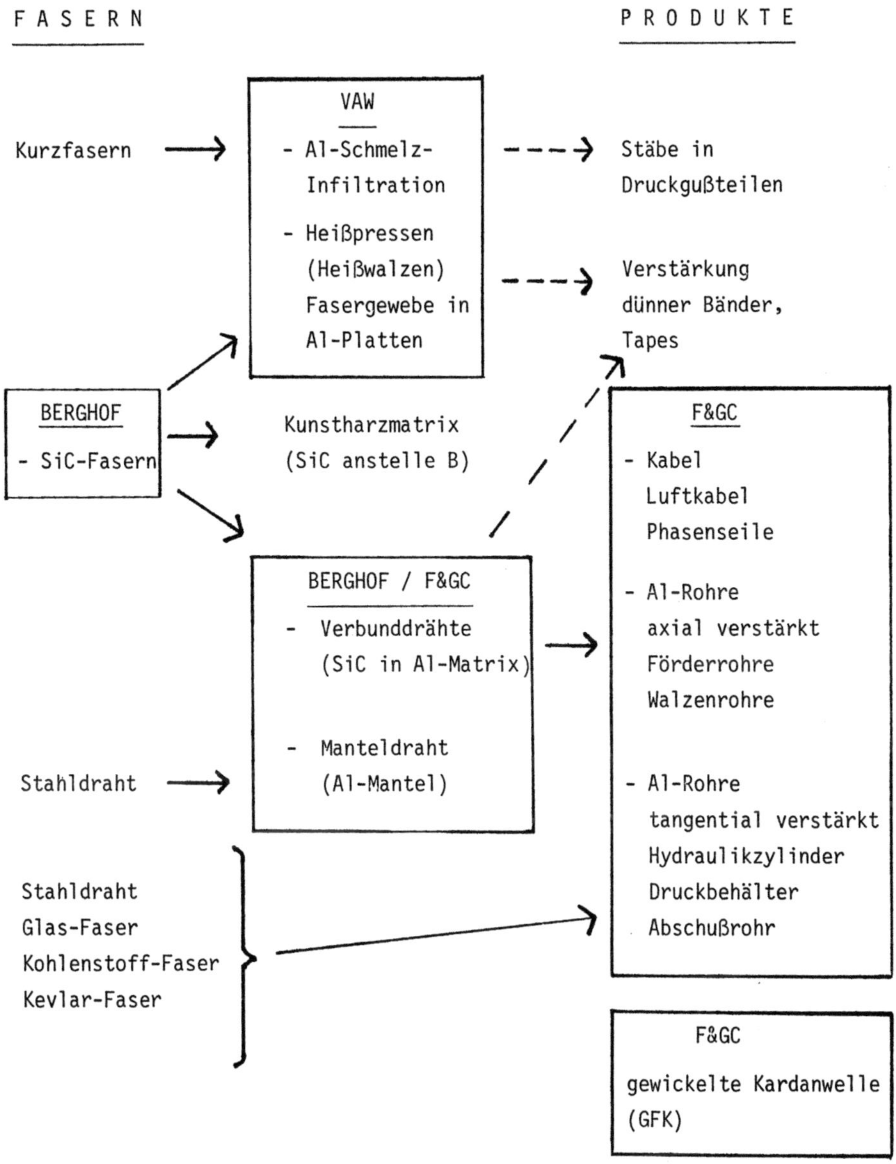
F A S E R N
P R O D U K T E
Kurzfasern
VAW
- Al-Schmelz-Infiltration
- Heißpressen (Heißwalzen) Fasergewebe in Al-Platten
Stäbe in Druckgußteilen
Verstärkung dünner Bänder, Tapes
BERGHOF
- SiC-Fasern
Kunstharzmatrix (SiC anstelle B)
F&GC
- Kabel
Luftkabel
Phasenseile
- Al-Rohre
axial verstärkt
Förderrohre
Walzenrohre
- Al-Rohre
tangential verstärkt
Hydraulikzylinder
Druckbehälter
Abschußrohr
BERGHOF / F&GC
- Verbunddrähte (SiC in Al-Matrix)
- Manteldraht (Al-Mantel)
Stahldraht
Stahldraht
Glas-Faser
Kohlenstoff-Faser
Kevlar-Faser
F&GC
gewickelte Kardanwelle (GFK)

Verbundwerkstoffe aus Siliciumcarbidfasern bzw. Stahldrähten in Aluminiummatrix

P. Gruber
Forschungsinstitut Berghof GmbH, Tübingen

1. Einleitung

Moderne Hochleistungsfasern wie z.B. Bor, Graphit und Aramid haben eine neue Generation von Verbundwerkstoffen mit Kunststoffmatrix ermöglicht. Bei der Entwicklung von Verbundwerkstoffen mit Metallmatrix hat man versucht, die im Handel bereits erhältlichen Fasern anzuwenden. Es hat sich aber herausgestellt, daß diese für die Verstärkung von Metallen nur bedingt geeignet sind. Bor z.B. löst sich sehr schnell in flüssigen Metallen auf; Graphit wird nicht gut benetzt; Aramid ist nicht ausreichend temperaturbeständig. Diese Unzulänglichkeiten können bei Bor und Graphit durch eine Schutzschicht zwar teilweise beseitigt werden, aber dadurch werden die Kosten erhöht und die mechanischen Eigenschaften herabgesetzt. Außerdem ist die Temperaturbeständigkeit der Borfasern für viele Anwendungen von Verbundwerkstoffen mit Metallmatrix nicht ausreichend (1,2). Wegen der sehr unterschiedlichen Ausdehnungskoeffizienten zwischen Graphit und Metallen entstehen bei thermischen Wechselbelastungen Delaminationen (3,4). Diese Erfahrungen haben gezeigt, daß für die Herstellung von Verbundwerkstoffen mit Metallmatrix eine besonders geeignete Sorte von Fasern benötigt wird. Die Entwicklung eines Verfahrens für die Herstellung von "endlosen" Siliciumcarbidfasern war demzufolge der Ausgangspunkt dieser Arbeit. Dieses Herstellungsverfahren wurde erfolgreich entwickelt.

Unsere nächste Aufgabe war die Entwicklung eines Verfahrens, das das Einbetten dieser Fasern in eine Metallmatrix ermöglicht. Als Matrixmetall wurde Aluminium verwendet, da bereits großes Interesse vorhanden war.

Für das Einbetten von Verstärkungsfasern in Metalle stehen eine große Zahl von möglichen Verfahren zur Wahl. Im allgemeinen ist die kontinuierliche Schmelzinfiltration das einfachste und kostengünstigste Fertigungsverfahren. Wir haben uns deshalb für dieses Verfahren entschlossen.

Neben Siliciumcarbidfasern sind hochfeste Stahldrähte ein wirtschaftliches, wenn auch nicht ganz so leistungsfähiges Verstärkungsmaterial für Aluminium. Das Einbetten durch Schmelzinfiltration bietet sich auch hier als geeignetes Herstellungsverfahren an. Da die notwendigen Entwicklungsarbeiten für das Einbetten von Siliciumcarbidfasern und Stahldrähten vom apparativen sowie vom verfahrenstechnischen Aufbau her viele Ähnlichkeiten haben, wurde mit beiden Verstärkungsmaterialien gearbeitet.*

Im folgenden wird über die Herstellung und über die mechanischen Eigenschaften der Siliciumcarbidfasern sowie über das Einbetten von Fasern bzw. Stahldrähten in Aluminium berichtet.

2. Siliciumcarbidfasern

2.1 Herstellung

Das in dieser Arbeit entwickelte Herstellungsverfahren beruht auf einer pyrolytischen Abscheidung aus der Gasphase (Chemical Vapour Deposition = CVD). Der Ablauf des Prozesses wird in der schematischen Darstellung in Fig. 1 erklärt.

Ein ca. 12 μm dicker Wolframdraht wird kontinuierlich durch eine mit gasförmigen Reaktanten durchströmte Abscheidekammer gezogen. Die Verschlußkappen am Ein- und Ausgang der Kammer sind mit einer kleinen Menge Quecksilber versehen, das gleichzeitig gegen Gasaustritt abdichtet und den elektrischen Kontakt zur Wolframseele bzw. Siliciumcarbidfaser herstellt.

*) Diese Arbeiten wurden in enger Zusammenarbeit und mit materieller und wissenschaftlicher Unterstützung der Firma Felten & Guilleaume Carlswerke AG, Köln durchgeführt.

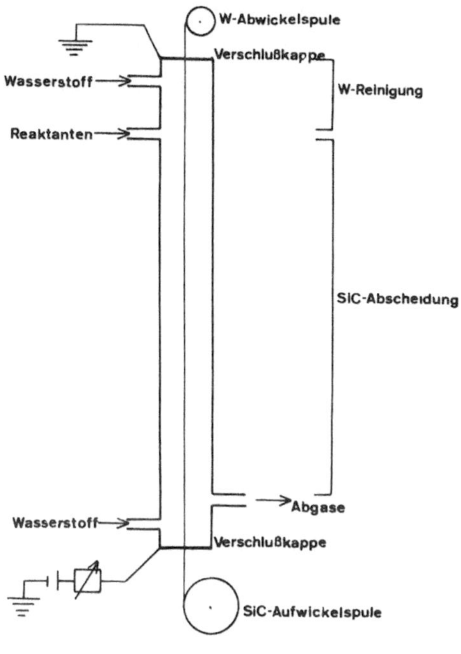

Fig. 1 Schematische Darstellung der Apparatur für die Herstellung kontinuierlicher Siliciumcarbidfasern.

Durch Anlegen einer elektrischen Spannung zwischen den Verschlußkappen wird der Wolframdraht mittels Stromdurchgang auf ca. 1100°C erhitzt. Durch Zu- und Ableitungsstutzen werden verschiedene Gase, Reaktanten und Abgase geleitet. Dabei durchläuft der Wolframdraht bzw. die wachsende Faser folgende Gaszonen:

Zuerst kommt der glühende Wolframdraht in eine ca. 10 cm lange mit Wasserstoff durchströmte Reinigungszone, um die Oberfläche der Seele von geringfügigen Unreinheiten zu befreien. Danach werden die gasförmigen Reaktanten zugeleitet und Siliciumcarbid wird auf die Wolframseele abgeschieden. Kurz vor dem Austritt der fertigen Faser aus dem Reaktor durchläuft sie eine kurze Wasserstoffschleuse, die einen Kontakt zwischen Reaktionsgemisch und Quecksilber in den Verschlußkappen verhindert. Die fertige, 100 µm starke Siliciumcarbidfaser wird nach Austritt aus dem Reaktor kontinuierlich aufgespult. Der Aufbau einer typischen Faser, die Wolframseele und Faseroberfläche wird in Fig. 2 gezeigt.

2.2 Mechanische Eigenschaften

Die Zugfestigkeit und der Elastizitätsmodul der Siliciumcarbidfasern wurde mit einem INSTRON-Zugprüfgerät, Tischmodell 1026, gemessen. Die Einspannlänge bei den Zugfestigkeitsmessungen war 25 mm, die Zuggeschwindigkeit 20 mm/min. Bei der Ermittlung des E-Moduls wurde die Einspannlänge zwischen 25 mm und 750 mm variiert, um die Einspannnachgiebigkeit berücksichtigen zu können.

Die Meßergebnisse zeigten, daß die Faserzugfestigkeit und deren Streuung sehr stark von den Herstellungsparametern abhängt. Durch Optimierung dieser Prozeßparameter konnten Fasern mit sehr guten mechanischen Eigenschaften, wie das Verteilungsdiagramm in Fig. 3 zeigt, erzielt werden. Neben der hohen durchschnittlichen Zugfestigkeit von 3.74 N/mm^2 ist die geringe achtprozentige Streuung besonders günstig.

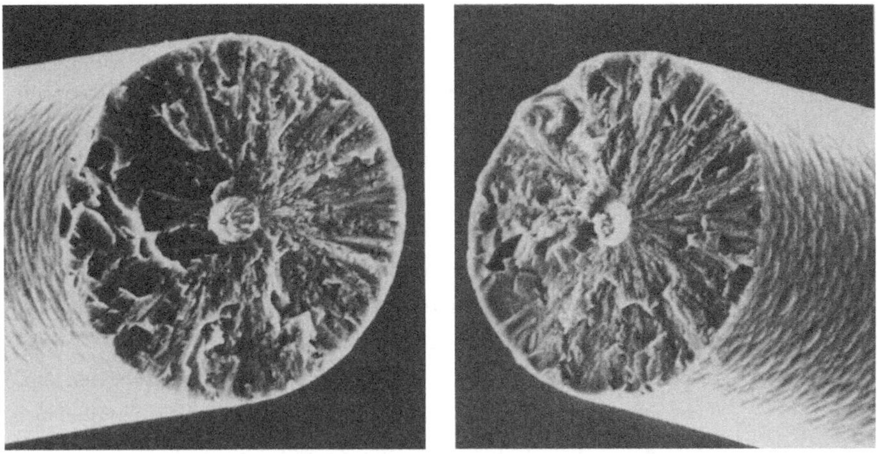

Fig. 2 Zugbruchflächen einer Siliciumcarbidfaser (600 X)

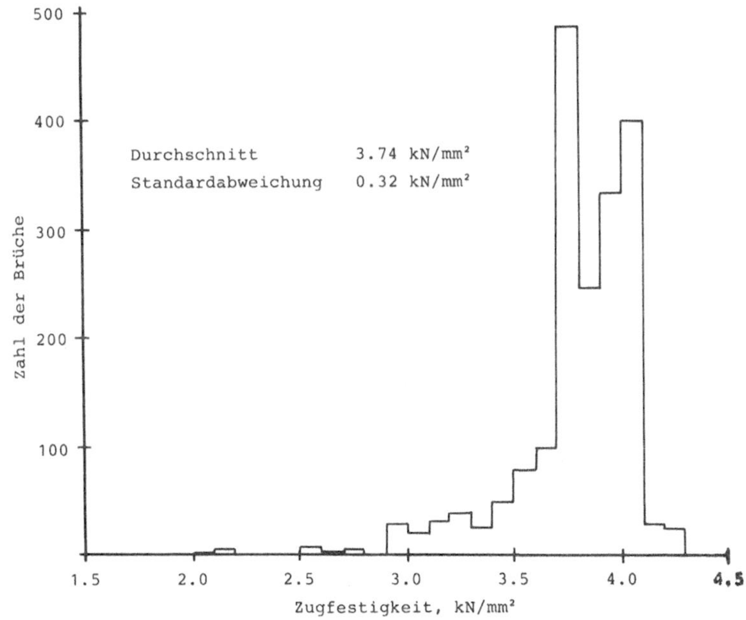

Fig. 3 Zugfestigkeitsverteilung der Siliciumcarbidfaser

Ein Vergleich der mechanischen Eigenschaften dieser Siliciumcarbidfasern mit anderen Fasern und Werkstoffen ist in Fig. 4 zusammengestellt (5,6). Die weißen Balken zeigen die Zugfestigkeiten, die schwarzen den E-Modul. Es zeigt, daß die verschiedenen Fasern im allgemeinen bessere Eigenschaften aufweisen, als die koventionellen Werkstoffe. Für viele Anwendungen ist es notwendig, daß ein Werkstoff gleichzeitig hohe Zugfestigkeit und E-Modul hat, wie dies bei den Siliciumcarbidfasern der Fall ist. Die verschiedenen Graphitfasersorten z.B. weisen immer nur eine dieser Eigenschaften auf, nicht jedoch beide. Es gibt zwar Graphitfasersorten, die vergleichbar hohe Werte beider Eigenschaften aufweisen, für eine technische Verwendung kommen sie jedoch nicht in Betracht, da ihre Herstellungskosten zu hoch sind. Ein Vorteil der Hochleistungs-Verbundwerkstoffe, verglichen mit herkömmlichen Werkstoffen, besteht in dem geringen Gewicht bei vergleichbarer oder besserer mechanischer Leistung. Die spezifischen mechanischen Eigenschaften eines Werkstoffes, d.h. die Zugfestigkeit bzw. der E-Modul jeweils auf das spezifische Gewicht bezogen, sind deshalb ein wichtiges Kriterium. Ein Vergleich der spezifischen Zugfestigkeit und des spezifischen E-Moduls unterschiedlicher Werkstoffe und Verbundwerkstoffe sind in Fig. 5 dargestellt (5,6). Hier sind die Vorteile der Verbundwerkstoffe gegenüber konventionellen Werkstoffen noch deutlicher als in Fig. 4 zu erkennen. Unter den Verbundwerkstoffen sind die erwarteten Werte für Siliciumcarbidfasern in Epoxidharz- bzw. Aluminiumatrix sehr gut.

Verbundwerkstoffe mit Metallmatrix werden bei der Herstellung und bei zahlreichen Anwendungen oft erhöhten Temperaturen ausgesetzt. Die thermische Beständigkeit der Verstärkungsfaser ist deshalb wichtig. Fig. 6 zeigt die Zugfestigkeit einiger Fasern in Abhängigkeit von der Temperatur (7,8,9).

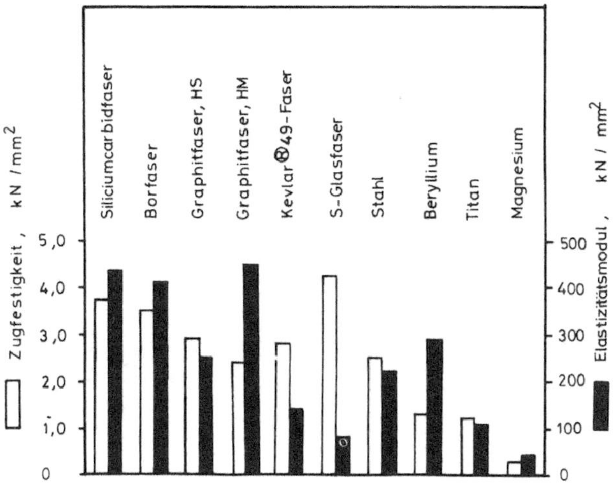

Fig. 4 Zugfestigkeit und Elastizitätsmodul verschiedener Fasern und Werkstoffe

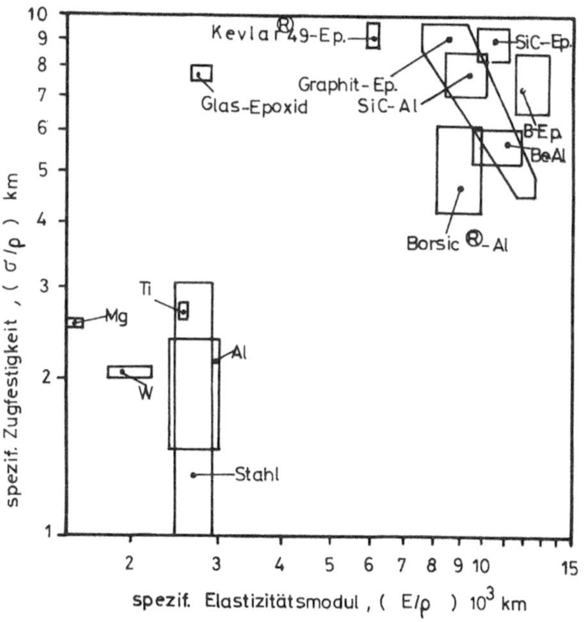

Fig. 5 Spezifische Eigenschaften verschiedener Werkstoffe

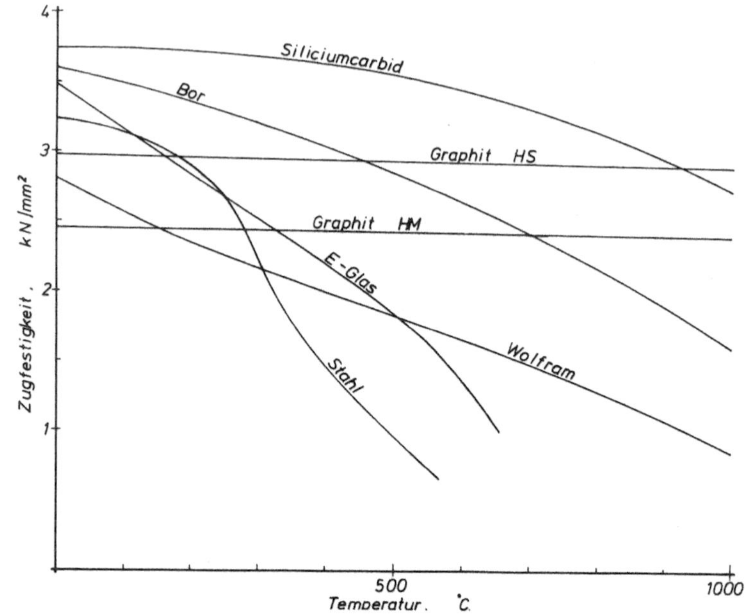

Fig. 6 Zugfestigkeit verschiedener Fasern in Abhängigkeit von der Temperatur

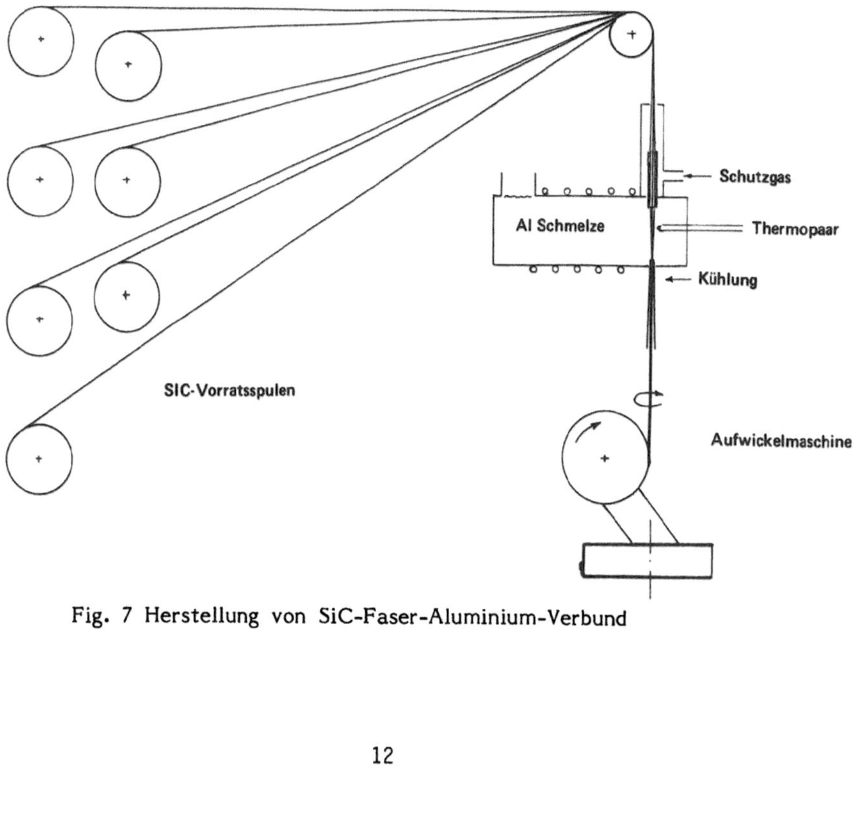

Fig. 7 Herstellung von SiC-Faser-Aluminium-Verbund

2.3 Siliciumcarbidfasern in Aluminiummatrix

Der Aufbau der Anlage zum Einbetten von Siliciumcarbidfasern in Aluminium ist in Fig. 7 schematisch dargestellt. Kern diese Anlage ist der Aluminiumschmelztiegel, wobei folgende Kriterien zu beachten sind.

a) Die Fasern müssen eine relativ dichte, aber gleichmäßig verteilte Anordnung im Verbund haben.

b) Jede Einzelfaser muß vollständig mit Aluminium benetzt werden.

c) Die Bildung einer Oxidhaut auf der Oberfläche der Al-Schmelze soll möglichst unterdrückt werden, um Oxideinschlüsse zu vermeiden.

Das Einbetten der Fasern läuft folgendermassen ab. Die einzelen Fasern werden durch eine Eingangsdüse, die aus mehreren Keramikröhrchen besteht, durch die Aluminiumschmelze gezogen. Der Querschnitt der Eingangsdüse ist möglichst klein ausgelegt, damit die Fasern zwar einzeln in die Schmelze kommen, jedoch in einem sehr spitzen Winkel in die Ausgangsdüse einlaufen. Die obere und untere Düse ist leicht auswechselbar und in der Höhe verstellbar. Somit kann die Eintauchlänge der Fasern in der Schmelze über einen größeren Bereich variiert werden.

Die Gestaltung der Ausgangsdüse bestimmt die Form und den Faservolumenanteil des Verbunds. Es können z.B. Rund- oder Flachprofile hergestellt werden, deren Faserabstand durch die Ausgangsdüse zu beeinflussen ist. Um ein Festklemmen des mit Aluminium ummantelten Faserbündels beim Durchlauf der Ausgangsdüse zu vermeiden, ist die Bohrung leicht konisch nach außen ausgelegt.

Fig. 8 und 9 zeigen Querschliffe von Verbunddrähten mit 7 bzw. 19 Fasern. Es ist deutlich zu sehen, daß die einzelnen Fasern jeweils mit Aluminium gut ummantelt sind, daß die Faserverteilung gleichmäßig ist und ein hoher Faseranteil erzielt wurde.

Fig. 10 und 11 sind REM-Aufnahmen* einer unter Zugspannung entstandenen Bruchfläche. Der gewählte Betrachtungswinkel und die höhere Vergrößerung in Fig. 10 zeigen, daß das Aluminium die Hohlräume zwischen den Fasern vollständig ausfüllt. Fig. 11 zeigt das gleiche Bruchstück jedoch mehr von der Seite und bei niedrigerer Vergrößerung. Die relativ Fläche Bruchfläche und das völlige Fehlen von "Pull-out"-Erscheinungen beweist eine sehr gute Haftung zwischen Fasern und Aluminium. Von der Seite sieht man auch, daß die Räume zwischen den äußeren Fasern gut mit Aluminium ausgefüllt sind.

Die Zugbruchfläche eines einlagigen Faserverbundflachprofils in Fig. 12* zeigt ebenfalls eine gute Haftung zwischen Fasern und Aluminiummatrix. Lastwechselversuche im Biegeverhalten wurden mit diesem Flachprofil durchgeführt. Brüche, die bei Wechselzahlen bis 5×10^7 eintraten wurden mikroskopisch untersucht.**
In keiner der Proben konnte eine Delaminierung festgestellt werden (10).

*) Für die REM-Aufnahmen danken wir der DFVLR, Stuttgart.

**) Herrn Dr. J.A. Herzog, Darmstadt möchten wir an dieser Stelle für die Durchführung dieser wertvollen Versuche herzlich danken.

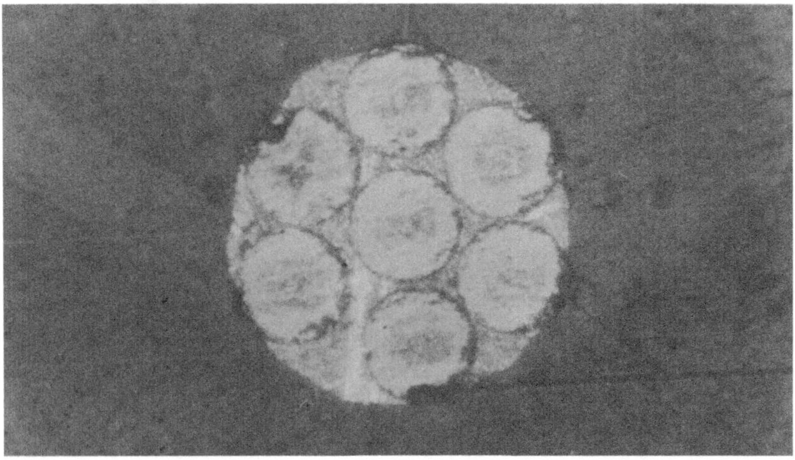

Fig. 8 Querschliff eines Verbunddrahtes mit 7 SiC-Fasern (200 X)

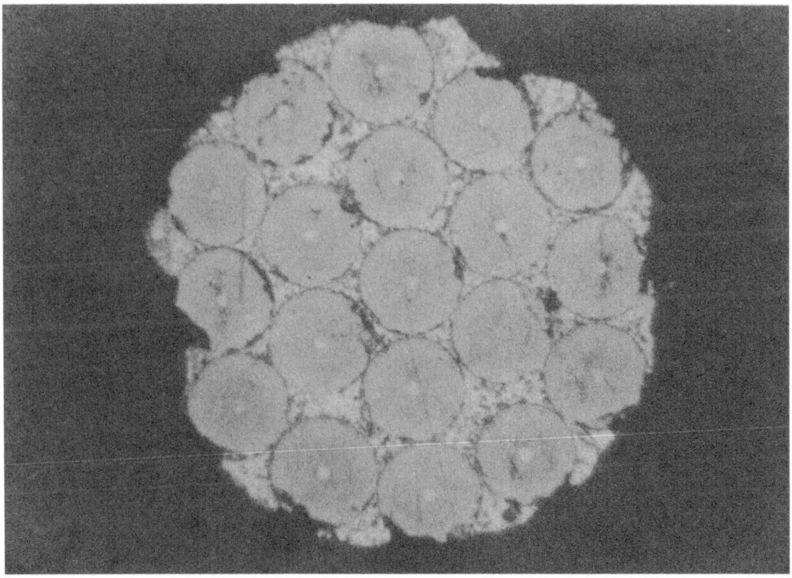

Fig. 9 Querschliff eines Verbunddrahtes mit 9 SiC-Fasern (200 X)

Fig. 10 Zugbruchfläche eines SiC-Faser-Aluminium-Verbunddrahtes, Draufsicht (140 X)

Fig. 11 Zugbruchfläche eines SiC-Faser-Aluminium-Verbunddrahtes, Seitenansicht (70 X)

Fig. 12 Zugbruchfläche eines SiC-Faser-Aluminium-Tapes (70 X)

3. Aluminiumbeschichteter Stahldraht

Die Problematik bei der Beschichtung von Stahldrähten liegt darin, eine gleichmäßige, konzentrische und porenfreie Aluminiumschicht aufzutragen. Diese Schicht muß auf dem Stahl gut haften und möglichst dick sein, um einen guten Korrosionsschutz sowie eine hohe elektrische Leitfähigkeit zu gewährleisten. Das Fertigungsverfahren muß so gestaltet sein, daß das Endprodukt eine gute Zugfestigkeit besitzt. Die Aufbereitung der Drahtoberfläche ist für eine gute Haftung der Aluminiumschicht äußerst wichtig. Zu diesem Zwecke können eine chemisch-galvanische Reinigung oder ein Flußmittel angewandt werden. Durch die Einwirkung der Aluminiumschmelze wird der Stahldraht erhöhten Temperaturen ausgesetzt. Dies bewirkt im allgemeinen eine Herabsetzung der Zugfestigkeit. Um dies zu umgehen, standen grundsätzlich zwei Möglichkeiten zur Verfügung: a) den Draht sehr schnell durch die Schmelze zu ziehen, damit er nur eine geringe Temperaturerhöhung erfährt; oder, b) den Draht langsam durch die Schmelze zu ziehen und danach die dabei herabgesetzte Zugfestigkeit durch nachträgliches Ziehen wieder herzustellen.

3.1 Experimenteller Teil

Die experimentelle Arbeit kann in zwei Problemgruppen unterteilt werden:

a) Die Aufbereitung der Drahtoberfläche durch Reinigung bzw. Flußmittel.
b) Die Schmelzbeschichtung des aufbereiteten Stahldrahtes.

Diese Teilaufgaben wurden anfangs getrennt und später in einem gekoppelten Durchgang durchgeführt. Die dafür entwickelte Apparatur ist in Fig. 13 schematisch dargestellt.

3.1.1 Versuche mit Flußmittel

Im Hinblick auf die Korrosion ist es wichtig, daß möglichst wenig Flußmittelrückstände auf dem beschichteten Draht zurückbleiben. Gleichzeitig spricht die Thermodynamik für die Wirksamkeit von Fluorverbindungen. Aus diesen zwei Gründen wurden eine Reihe von leicht verflüchtbaren Ammonium-Fluorverbindungen als Flußmittel untersucht. Diese waren: Ammoniumfluorid (NH_4F) bzw. Ammoniumhydrogenfluorid (NH_4HF_2). Allein und mit anderen Salzen z.B. Ammoniumfluoroborat (NH_4BF_4), Kryolit (Na_3AlF_6) und Borax ($Na_2B_4O_7$). Das Flußmittel wurde auf den Draht aufgetragen durch:

a) Bestäuben mit dem Pulver;
b) Bestreichen mit einer Paste;
c) Benetzen mit einer Schmelze,

Als Schmelze diente NH_4Cl bzw. $Na_2B_4O_7$, einzeln sowie mit einer der anderen genannten Verbindungen.

Nach Auftragen des Flußmittels wurden die Stahldrähte durch eine Aluminiumschmelze gezogen. Bei diesen Versuchen kam es nur bei den mit Flußmittelschmelze vorbehandelten Drähten, und dann auch nur bedingt, zu einer Aluminiumbenetzung des Drahtes. Notwendige Bedingung für die Aluminiumbenetzung war, daß das Flußmittel sich bereits im geschmolzenen Zustand befand, bevor der Draht in die Aluminiumschmelze eintrat. Am wirkungsvollsten war die Schmelze aus NH_4Cl plus NH_4F, aber NH_4Cl allein zeigte eine nur etwas geringere Flußmittelwirkung. Borax bewirkte auch eine Aluminiumbenetzung, die sich durch Zugaben von NH_4F verbessern ließ.

Trotz einer Vielzahl von Versuchen unter sehr variierten Bedingungen blieb die erhoffte Wirkung, eine gute Aluminiumbeschichtung bei erhöhter Durchzugsgeschwindigkeit, aus. Infolgedessen konzentrierten sich die Arbeiten auf eine gründliche Reinigung bzw. Aufbereitung der Drahtoberfläche.

3.1.2 Reinigung bzw. Aufbereitung der Drahtoberfläche

In den meisten Fällen wurde der Draht mit einer leichten Fettschicht geliefert. Diese Fettschicht verhindert eine Benetzung durch Aluminium und wurde deshalb entfernt. Dazu standen grundsätzlich zwei Methoden zur Verfügung:

a) Entfernung mit Lösungsmittel;
b) Chemische bzw. chemisch-galvanische Behandlung.

Eine Entfettung durch Eintauchen in Trichloräthylen ergab gute Ergebnisse. Allerdings war mit der Zeit eine geringe Rückfettung des Lösungsmittels zu beobachten. Außerdem war die Benetzbarkeit des Drahtes mit Aluminium nach dieser Behandlung immer noch relativ langsam. Es wurde deshalb beschlossen, die Drahtoberfläche chemisch bzw. chemisch-galvanisch aufzubereiten, um eine evtl. Entpassivisierung oder Aktivierung zu erzielen.
Versuche unter verschiedenen Bedingungen wurden mit den im Handel erhältlichen Beizmitteln Kisow sowie Rapid P (Fa. Blasberg) durchgeführt. Gute Ergebnisse konnten erzielt werden mit einem Reinigungsprozeß bestehend aus:

1. Grobe mechanische Entfettung bzw. Entfettung durch Lösungsmittel;
2. Anodische Entfettung in Rapid P-Lösung;
3. Kaltwasserspülung
4. Kathodische Behandlung in Schwefelsäure;
5. Kaltwasserspülung
6. Methanolspülung.

Der so aufbereitete Draht konnte begrenzt unter Methanol aufbewahrt werden. Später wurde dieser Reinigungsprozeß der Aluminiumbeschichtung vorgeschaltet, damit Reinigung und Beschichtung in einem Durchzug gemacht werden konnten.

3.1.3 Aluminiumbeschichtung des Stahldrahtes

Die Versuchsanlage (Fig. 13) besteht aus Ab- und Aufwickelelementen für den Durchzug des Stahldrahtes sowie einem Schmelztiegel für das flüssige Aluminium. Der Stahldraht wurde mit einer einstellbaren Geschwindigkeit durch die Schmelze gezogen. Für die Versuche mit Flußmittel wurde das Mittel anfangs in einem getrennten Vorgang, später im gleichen Durchgang, kurz unterhalb des Tiegels aufgetragen. Bei den Versuchen ohne Flußmittel gelangte der Draht über eine Schutzgasschleuse und Eingangsdüse in den Tiegel. Vor dem Eintritt in den Tiegel konnte der Draht auch ohmisch vorgewärmt werden, indem eine regelbare Spannung zwischen Umlenkrolle und der Aluminiumschmelze angelegt wurde.

Der Schmelztiegel besteht aus einem mit Heizdraht gewickelten, besonders für Aluminiumschmelze geeigneten Keramikrohr aus Aluminiumoxid. Neben den Widerstandsheizwicklungen kann die Beschichtungszone des Tiegels zur Feinregulierung der Temperatur auch zusätzlich induktiv erwärmt werden. Der Ein- und Austritt des Stahldrahtes erfolgt über entsprechende Ein- und Ausgangsdüsen in der Unter- bzw. Oberseite des Tiegels. Die Gestalt sowie der Werkstoff für die Eingangsdüse erwiesen sich als sehr kritisch. Nach vielen Versuchen wurde eine Eingangsdüse aus Siliciumnitrid mit konzentrischem Zulaufkapillarröhrchen aus Aluminiumoxidkeramik entwickelt, die einen relativ problemlosen Eintritt des Stahldrahtes in den Tiegel, ohne Austropfen des flüssigen Aluminiums, gewährleisten konnte.

Bei den Beschichtungsversuchen wurden die experimentellen Parameter wie folgt variiert:

a) Siliciumgehalt der Aluminiumlegierung: 0,5 bis 4 %
b) Temperatur der Aluminiumschmelze: 680° bis 880°C
c) Durchzugsgeschwindigkeit des Stahldrahtes: 0,14 bis 3,7 m/min
d) Drahtvorwärmtempertur: 300°C
e) Schutzgas: Argon, Formiergas, Wasserstoff

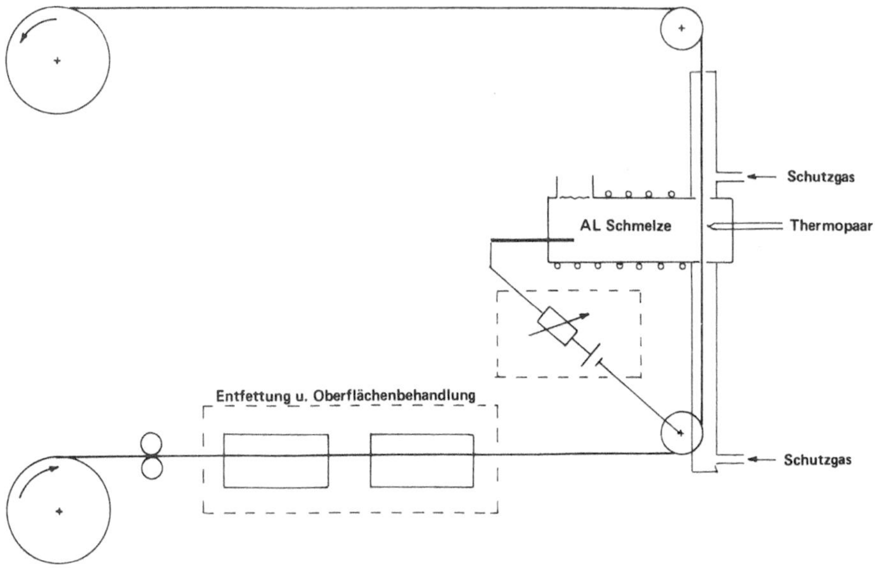

Fig. 13 Aluminiumbeschichtung von Stahldraht

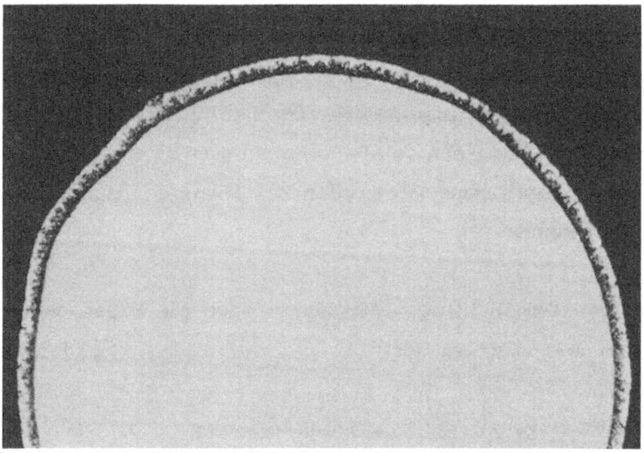

Fig. 14 Aluminiumbeschichteter Stahldraht (500 X)

Die Ergebnisse der Beschichtungsversuche zeigten:

a) Eine gute Aluminiumbeschichtung des Stahldrahtes wird erzielt, wenn die Drahtoberfläche einwandfrei sauber ist oder ein geeignetes Flußmittel angewandt wird.

b) Beim Vorwärmen des Stahldrahtes vor dem Eintritt in die Aluminiumschmelze ist eine Schutzgasatmosphäre unerläßlich. Zwischen Argon, Formiergas und Wasserstoff war kein nennenswerter Unterschied zu verzeichnen.

c) Für eine gute Haftung der Aluminiumschicht auf dem Draht ist eine intermetallische Zwischenschicht (i-Phase) notwendig. Ein "aufgefrorener" Aluminiummantel blättert bei leichtem Biegen ab. Die optimale Stärke für die i-Phase liegt bei 1 bis 3 µm.

d) Die Entstehung der i-Phase zeigte eine kritische Bildungsschwelle bei ca. 5 µm. Es konnte keine i-Phase mit einer kleineren Stärke erzielt werden.

e) Nach Überschreiten dieser Schwelle ist das Wachstum der i-Phase erwartungsgemäß zeit- und temperaturabhängig.

f) Der beschichtete Stahldraht kann nachträglich gezogen werden ohne Abblättern des Aluminiummantels, vorausgesetzt, daß eine i-Phase vorhanden ist.

g) Ein typischer Querschliff eines beschichteten Drahtes wird in Fig. 14 dargestellt.

3.2 Schlußbemerkungen

Die experimentellen Arbeiten haben gezeigt, daß die angestrebte Aluminiumbeschichtung eines Stahldrahtes prinzipiell möglich ist. Einige Probleme müssen jedoch gelöst werden. Dazu gehören:

a) Eine Stärke der intermetallischen Zwischenschicht unter der bisherigen 5 µm-Schwelle muß angestrebt werden.

b) Die Durchzugsgeschwindigkeiten des Stahldrahtes durch die Aluminiumschmelze, die zu einer guten Beschichtung bzw. zu einer i-Phase führen, sind im allgemeinen relativ langsam. Infolgedessen erreicht der Draht eine zu hohe Temperatur und verliert dadurch an Festigkeit. Diese Festigkeit kann aber durch Nachziehen wieder hergestellt werden.

c) Die Durchsatzgeschwindigkeit des Stahldrahtes muß aus Wirtschaftlichkeitsgründen für Produktionszwecke erhöht werdne.

d) Die Stabilität des Beschichtungsverfahrens muß verbessert werden. Die Aluminiumschicht ist stellenweise ungleichmäßig und weist unterschiedliche Dicken auf.

Schrifttum

(1) VELTRI, R.D.; GALASSO, F.S. — High Temperatur Strength of Baron, Silicon Carbide Coated Baron, Silicon Carbide, Stainless Steel, and Tungsten Fibers. J. Amer. Ceram. Soc. 54 (1971) S. 319 ff.

(2) ECONOMY, J. — Present Status and Future for High Strength Fibers. Sample J. 12 (6) (1976) S.7

(3) PREWO, K.M. — Fabrication and Evaluation of Low Cost Alumina Fiber Reinforced Metal Matraces. United Technologies Research Center Report R 79-91224-6 (1976) S. 8-10

(4) BAKER, A.A. — Carbon Fibre Reinforced Metals. Mat. Sci. Eng. 17 (1975) S. 203

(5) KAISER, R. — Technology Assesment of Advanced Composite Materials. National Science Foundation Final Report ERS 77-19467 (1978) S. 14 ff.

(6) SHUMEYKO, T.V.; MANSFIELD, R.G. — Properties and End Uses for Man-Made Fibers. Handbook of Plastics and Elastomers Chap. 6, Mc Graw Hill, New York, (1975)

(7) McHENRY, K.D.; TRESSLER, R.E. — Elevated Temperature Strength of Silicon Carbide or Carbon Filaments. J. Comp. Mat. 9 (1975) S. 73 - 76

(8) RANDON, J.-L.; SLAMA, G. — Caracterisation et Étude de la Stabilité Thermique de la Fibre de Carbure de Silicium. Rev. int. Htes Temp. et Réfract. 11 (1974) S. 313 - 320

(9) JAHN, H. Technologie und physikalische mechanische Eigenschaften neuartiger Verstärkungsfasern Raumfahrtforschung (1969) S. 169

(10) HERZOG, J.A. Persönliche Mitteilung 5. Februar 1980

Untersuchungen zur Verstärkung von Aluminiumlegierungen mit keramischen Lang- und Kurzfasern

G. Ibe, W. Gruhl, H. Gebhardt
Leichtmetall-Forschungsinstitut der
Vereinigte Aluminiumwerke AG, Bonn

Zusammenfassung

Mit der Zielrichtung eines kostengünstigen, weiterverarbeitbaren Halbzeugs aus faserverstärkten Aluminiumlegierungen wurden Untersuchungen zur Faserverstärkung mit keramischen Fasern nach verschiedenen Herstellungsmethoden durchgeführt. Die Fertigung faserverstärkter Stangen auf pulvermetallurgischem Wege durch Vorpressen und Warmstrangpressen von Al-Pulver mit keramischen Kurzfasern (Mullitfasern) erwies sich als durchführbar, ergab aber infolge zu ausgedehnten Faserbruchs keine akzeptable Verstärkungswirkung. Die gleichen Fasern erwiesen sich für das Schmelztränkverfahren als wenig geeignet, da sie trotz Ni-Beschichtung schwer benetzbar waren, aber von der Al-Schmelze leicht zerstört wurden.

Erfolgreiche Schmelztränkversuche waren mit Ni-beschichteten Al_2O_3-Sinterfasern möglich. Eine vollständige Einbettung der Fasern wurde jedoch erst durch Übergang zur Hochdruck-Schmelzfiltration mit Fülldrucken von 30-100 bar erreicht. die Verstärkung lag in der Nähe des theoretischen Erwartungswertes. Für die Kurzfaserverstärkung nach dieser Technik wurde die hier fehlende Ausrichtungswirkung des Strangpressvorganges ersetzt durch die Vorfertigung 90 %ig ausgerichteter Kurzfasermatten nach dem Glycerin-Verfahren. Die Hochdruckschmelzinfiltrationstechnik wurde ausgedehnt auf den Einsatz der von den Eigenschaften her günstigsten Fasern aus SiC. Hiermit konnten Flachstangen mit guter

Verstärkungswirkung hergestellt werden. Das Verfahren ist geeignet für die Vollverstärkung einfacher Druckgußteile oder zur Teilverstärkung konventioneller Gußteile durch eingelegte vorgefertigte Verstärkungselemente. Zur Herstellung ein- und mehrlagig faserverstärkter flächiger Halbzeuge wurde eine Heißpreßtechnik von dünnen Al-Blechen mit zwischengelegten Geweben aus SiC-Fasern mit dünnen Al-Kettfäden entwickelt. Hierbei wurde eine vollständige Verbindung von Blechen und Fasern durch den Einsatz lotplattierter Bleche erreicht. Die praktisch oxidfreien Kernbleche werden durch das flüssige Lot beim Heißpressen vor neuer Oxidation geschützt. Durch Nachtempern der gepreßten Teile können die Lotreste durch Diffusion in das Kernblech soweit abgebaut werden, daß die Teile zur Warmbearbeitung wieder bis über 600°C ohne Auftreten flüssiger Phasen erwärmt werden können (Löten, Schweißen).

In so hergestellten Proben wurden bereits Faserwirkungsgrade von etwa 70 % erreicht. Diese Technik eignet sich zur Herstellung faserverstärkter flächiger Halbzeuge oder zur Teilverstärkung flächiger Bauteile.

1 Einleitung

Mit faserverstärkten Aluminiumwerkstoffen in Form dünner Bänder können extreme Leichtbauwerkstoffe mit mechanischen Eigenschaftswerten - Zugfestigkeiten über 1500 N/mm^2 und E-Modulen über 200.000 N/mm^2 - hergestellt werden, die früher nicht für möglich gehalten wurden. Die sehr aufwendige Herstellungstechnik der Fasern und des Verbundes schließt jedoch eine breitere technische Anwendung dieser Werkstoffe aus Kostengründen praktisch aus. Unter Verzicht auf Spitzenwerte mechanischer Eigenschaften sollte es aber möglich sein, bei Verwendung kostengünstiger keramischer Fasern und einfacherer Herstellungstechnologien ein hinreichend verstärktes Aluminiumhalbzeug zu entwickeln, das in gewissem Umfang weiterverarbeitbar ist und dessen Herstellungskosten größere Anwendungsmöglichkeiten zulassen. Über einige Untersuchungen hierzu wird im Folgenden berichtet.

2 Pulvermetallurgische Verstärkung von Aluminium mit Kurzfasern

Ausgehend von der Überlegung, daß mit kurzen Fasern verstärktes Halbzeug am besten weiterverarbeitbar, d.h. umformbar sein sollte, wurden Untersuchungen zur Verstärkung von Aluminium mit Kurzfasern durchgeführt. Als erste Technik zur Verbundherstellung wurde dabei die pulvermetallurgische Fasereinbringung gewählt.

2.1 Faseraufbereitung

Als Ausgangsmaterial standen aus der Schmelze verdüste Kaolin- bzw. Mullitfasern (Hersteller Fa. Feldmühle AG, Plochingen) mit etwa 50 % bzw. 70 % Al_2O_3, Rest SiO_2, zur Verfügung (1). Ihre Zugfestigkeit beträgt etwa 25000 N/mm^2, ihr E-Modul etwa 150.000 N/mm^2, die Dichte etwa 3,2 $g \cdot cm^{-3}$. Der Hauptvorteil dieser Fasern war die wirtschaftlich günstige

Herstellbarkeit, die bei Erzeugung größerer Mengen einen Preis von unter DM 50,--/kg erwarten ließ. Die Einzelfasern mit Durchmessern unter 10 µm besaßen an ihren Enden häufig herstellungsbedingte tropfenförmige Verdickungen. Insgesamt lagen sie in Form einer Watte vor und mußten daher erst aufbereitet werden. Versuche zur Zerkleinerung der Faserwatte mit einem Dispergiergerät in wässriger Suspension ergaben ein zu kleines und ungleichmäßiges Längen/Durchmesser-Verhältnis (l/d) der Fasern und einen zu hohen Faserbruchanteil. Mit Hilfe einer trocken arbeitenden Zentrifugalmühle mit rotierendem geschlitztem Ring und feststehenden ringförmigen Sieb konnten die Faserwerkstoffe schließlich hinreichend gleichmäßig zu Einzelfasern mit einem mittleren l/d-Verhältnis von über 50 zerteilt werden (Bild 1). Der Feinanteil des Faserbruches wurde dabei mit einem einstufigen Zyklon entfernt. Die an sich notwendige Abtrennung des groberen Bruches, insbesondere der Schmelztropfen, und die Klassierung der Kurzfasern waren mit der vorhandenen Einrichtung nicht möglich.

2.2 Pulvermetallurgische Verbundherstellung

Vorversuche zum Vorpressen und Warmstrangpressen von Mischungen aus Al-Pulver und Fasern ergaben keine nachweisbare Verstärkungswirkung infolge zu groben Al-Pulvers (ca. 50 µm Teilchendurchmesser) und unvollständiger Vermischung. Die Umstellung auf ein wesentlich feineres Al-Pulver (6-9 µm, ALCOA-Aluminiumpulver Typ 1401) und die Einbringung direkt in den Ausgang der Zentrifugalmühle führten schließlich zu einer homogenen Mischung ohne Faserzusammenballungen.

Solche Al-Pulver-Faser-Mischungen mit 10-40 Vol.-% Fasern wurden entweder in einer zylindrischen Stahlform von 30 mm Ø kalt vorgepreßt oder in Gummiformen ähnlicher Abmessung mit allseitigem Druck von etwa 2.100 bar hydrostatisch vorgepreßt. Bis zu etwa 20 Vol.-% Fasern konnten mit beiden Methoden gut zusammenhaltende Vorpreßkörper erhalten werden. Diese Vorpreßkörper wurden bei etwa 480°C zu Rundstangen von 10 mm Ø stranggepreßt, und zwar entweder direkt in einer kleinen Labor-Strangpresse mit 30 mm Rezipientendurchmesser und ca. 600 kN Preßkraft oder nach Einsetzen in den Kern von Al-Preßbolzen von 80 mm Ø auf einer größeren Strangpresse mit etwa 3200 kN Preßkraft. Mit beiden Methoden konnten bis etwa 20 Vol.-% Fasern einwandfreie Preßstangen erzielt werden. Die Fasern sind durch die starke Scherverformung beim Strangpressen recht gut ausgerichtet, aber auch stark zerbrochen (Bild 2). Außerdem enthalten die Preßstangen zahlreiche nicht ausgesiebte grobe Faserbruchstücke und Schmelztropfen (Bild 2). Daher konnten an diesen Stangen nur Zugfestigkeiten bis etwa 150 N/mm² gemessen werden. Mit gleichem Verpressungsverhältnis (ca. 60:1) verpreßtes Al-Pulver ohne Fasern ergab Zugfestigkeiten von 135 N/mm². Die Verstärkungswirkung der Fasern ist daher verschwindend gering, offenbar aufgrund der Kerbwirkung der groben Bruchstücke und Tropfen. Das weitergehende Zerbrechen der Fasern beim Strangpressen wurde durch Prüfung des Faserrückstandes chemisch aufgelöster Proben bestätigt. Es wurden keine Faserstücke mit einem l/d-Verhältnis größer als 20 mehr gefunden.

Dieser hohe Anteil Faserbruch ließe sich vermindern durch ein Strangpressen in teilflüssigem Zustand (bei Al-Legierungen mit großem Erstarrungsintervall), doch war dies mit den vorhandenen Einrichtungen nicht möglich.

3. Niederdruck-Schmelztränkung

Alternativ zur pulvermetallurgischen Verbundherstellung wurde die Schmelztränkung von Faserpackungen untersucht. Da sich in Vorversuchen gezeigt hatte, daß die Kaolin- und Mullit-Fasern von Al-Schmelze stark angegriffen und ziemlich schnell zersetzt werden, mußten für die Schmelztränkversuche Vorkehrungen getroffen werden, um a) die Schmelzkontaktzeit so kurz wie möglich zu halten, b) die Faseroberfläche zu schützen oder c) chemisch beständigere Fasern zu verwenden.

3.1 Faserauswahl und Vorbehandlung

Wegen der ungenügenden chemischen Beständigkeit der Mullitfasern wurde in die Untersuchungen Sinterfasern auf der Basis Al_2O_3 (Hersteller Fa. Bayer AG, Uerdingen (7)) mit ca. 9 % SiO_2 und 1 % C eingesetzt. Die Fasern haben einen Durchmesser von 8-15 µm, eine Zugfestigkeit von etwa 1100-1400 N/mm^2 und einen E-Modul von etwa 200.000 N/mm^2. Die Fasern werden durch Verdüsen des Oxids mit einer plastischen Grundmasse nach einem Sol-Gel-Verfahren hergestellt. Durch den Restgehalt an Kohlenstoff erscheinen sie nach dem Sintern schwarz (Bild 3). Von der Aluminiumschmelze werden sie nicht merklich angegriffen. Bei diesen Endlosfasern entfielen alle weiteren Aufbereitungsschritte bis auf eine einfache Zerteilung zu Kurzfasern von etwa 3 mm Länge.

Um das Benetzungsverhalten der Fasern zu verbessern und ihnen (besonders den Mullitfasern) einen temporären Schutz gegen den Angriff der Al-Schmelze zu gewähren, wurden die Fasern teilweise mit einer dünnen Nickelschicht überzogen. Die Schicht wurde nach einem stromlosen Vernickelungsverfahren (Nikalyt-AB der Fa. Blasberg, Solingen) in folgenden Verfahrensschritten aufgebracht:

Beizen und Entfetten - leichtes Aufrauhen der Oberfläche - Sensibilisieren - dreistufiges Aktivierung mit Edelmetallsalzlösungen - chemisches Vernickeln. Hiermit konnten auch auf den unregelmäßig geformten Al_2O_3-Sinterfasern gleichmäßige dichte Ni-Schichten von etwa 0,2 1m Dicke erzeugt werden (Bild 4).

3.2 Schmelztränkversuche

Für die Schmelztränkung der Fasern wurde ein vertikaler Röhrenofen mit einem Cr-Ni-Stahl-Innenrohr von etwa 90 mm Innendurchmesser benutzt, der im Mittelbereich von etwa 200 mm Länge bis auf etwa 950°C aufgeheizt werden konnte. Der Ofen war mit einer Vakuum- und Schutzgaseinrichtung (Öldiffusionspumpe, rotierende Vorpumpe und Schutzgas-Dosierventil) versehen und konnte damit im Druckbereich von etwa 10^{-4} mbar bis 2 bar betrieben werden. Als Schutzgas wurde Argon benutzt.

Die Proben befanden sich in einem zylindrischen Doppeltiegel aus Graphit, dessen unterer Teil (ca. 30 mm Ø x 40 mm Höhe) die gepresste Faserpackung aufnahm, während sich im oberen, vakuumdicht aufgeschraubten Teil mit zentraler Verbindungsbohrung im Boden ein kleiner Block Aluminium befand. Der Doppeltiegel war an einem dünnen, innengekühlten Rohr mit Vakuum-Schiebedurchführung am oberen Deckelflansch des Ofenrohrs aufgehängt und konnte damit vertikal verschoben werden (Bild 5). Die Tränkung erfolgte nach längerem Evakuieren und Vorheizen der Anordnung durch Aufschmelzen des Al beim Absenken des Teigels in die Ofenmitte und darauf erfolgender Einleitung von Schutzgas mit einem Druck bis max. 1,8 bar, wodurch die Al-Schmelze durch die Verbindungsöffnung in die im unteren Tiegel befindliche evakuierte Faserpackung gedrückt wurde.

In Vorversuchen hatte sich gezeigt, daß die unbeschichteten Fasern von der Al-Schmelze entweder zerstört (Mullitfaser) oder nicht benetzt wurden (Al_2O_3-Sinterfasern). Für die Tränkversuche wurden daher Ni-beschichtete Al_2O_3-Sinterfasern verwendet. Auch hiermit trat jedoch keine vollständige Benetzung und Tränkung der Fasern auf, selbst nach Erhöhung des anfänglich niedrigen Gasdruckes auf 1,8 bar und Verlängerung der Schmelzzeit auf 15 min. vor dem Ausfahren des Doppeltiegels in das gekühlte obere Ende des Ofenrohres (Bild 6). Die Benetzung und Tränkung der Fasern konnte graduell verbessert werden durch Zusatz von Wasserstoff zum Vakuum bzw. zum Schutzgas (Bild 7), doch zeigten systematische Benetzungsversuche an Faserbündeln in der gleichen Anlage, daß die Ni-Beschichtung der Fasern auch nach längerer Haltezeit in der Schmelze oft nicht merklich angegriffen bzw. aufgelöst wird. Dies war offensichtlich auf restliche Verunreinigungen im Vakuum bzw. Schutzgas zurückzuführen, die eine Reduktion oberflächlicher Oxidfilme z.B. auf der Ni-Beschichtung durch den Wasserstoff behinderten.

Die grundsätzliche Abhilfemöglichkeit, reinere Atmosphären und Hochtemperaturbauteile zu verwenden, war mit der gegebenen Einrichtung nicht durchführbar. Der andere Weg, die Tränkung der Fasern zu erzwingen, besteht in der Anwendung höherer Tränkdrucke. Einfache theoretische Abschätzungen (siehe Anhang I) ergaben, daß auch dichte Faserpackungen bei anfänglicher Nichtbenetzung mit endlicher Geschwindigkeit, d.h. gegen die Wirkung von Oberflächenspannung und Viskosität der Schmelze, durch Drucke von etwa 30 - 100 bar vollständig getränkt werden können. Über die Versuche hierzu wird weiter unten berichtet.

4 Faserausrichtung

Während bei der Verstärkung von Aluminium mit Kurzfasern auf pulvermetallurgischem Wege die Ausrichtung der Fasern beim Strangpressen, d.h. der Verbundherstellung ("in situ"), erfolgt, ist dies bei den Schmelztränkverfahren nicht möglich. Die dafür eingesetzten Kurzfasern müssen vorher ausgerichtet werden. Dies ist z.B. möglich durch das sogenannte "Glycerin-Verfahren" von ERDE (2), das im Prinzip eine der Papierherstellung ähnliche Filtrationstechnik darstellt. Dabei strömt eine stark verdünnte Suspension von Kurzfasern in einer Glycerinmischung geeigneter Viskosität durch eine hin- und herbewegte Schlitzdüse auf ein Sieb, durch welches des Glycerin mit einer Pumpe abgesaugt wird. Durch die beschleunigte und stark gescherte Strömung in der Düse werden die Fasern weitgehend parallel zur Strömung angerichtet und als orientierter Filz auf dem Sieb abgelegt. Nach Spülen mit heißem Wasser und Trocknen kann die Fasermatte weiter verarbeitet werden. Eigene Vorversuche mit einer derartigen Anlage bei Fa. Dornier-System GmbH (3) verliefen erfolgreich. Dementsprechend wurde eine eigene Anlage nach dem von Messerschmidt-Bölckow-Blohm, Ottobrunn, verbesserten Verfahren (4,5) gebaut, bei dem das Sieb durch eine rotiernde Vakuum-Siebtrommel und die hin- und herbewegte Schlitzdüse druch eine stillstehende, leicht geneigte Ablaufrinne dicht über der Siebtrommel ersetzt ist (Bild 8). Das Glycerin wird durch eine Wasserringpumpe hoher Saugleistung abgepumpt, abgeschieden und mit den Überlaufverlusten an Suspension in den Vorratsbehälter zurückgeführt.

Mit dieser Anlage können Fasermatten von ca. 100 cm Länge, 21 cm Breite und bis zu 5 mm Dicke hergestellt werden. Der Ausrichtungsgrad in Längsrichtung beträgt etwa 90 %, wie man in der Draufsicht einer Matte aus Al_2O_3-Sinterfasern (Bild 9) und im Querschnitt einer aus Vorversuchen stammenden Matte aus Kaolinfasern (Bild 10) erkennen kann.

Der geringe Anteil der abweichend orientierten Fasern sorgt für die nötige Querfestigkeit der Matte und ermöglichst damit die Handhabung und Weiterverarbeitung.

5 Hochdruck-Schmelzinfiltration

Entsprechend den Schlußbemerkungen in Abschnitt 3.2 wurden weitere Schmelztränkversuche mit einer einfachen Hochdruck-Infiltrationstechnik durchgeführt, wobei der Fülldruck im Gegensatz zur konventionellen Druckgießtechnik nicht durch die Bewegung eines Druckkolbens, sonderndurch einen Druckgas-Impuls aufgebracht wird.

5.1 Voruntersuchungen mit verschraubter Kokille

Für die ersten Versuchsserien wurde in Anlehnung an die Untersuchungen bei Fa. Dornier-System GmbH (3) eine kleine selbstschließende Hochdruck- Kokille benutzt (Bild 11), die eine flache Faserprobe von 92 mm Länge, 22 mm Breite und etwa 3 mm Dicke sowie in einem angeflanschten zylindrischen Drucktiegel die Al-Schmelzprobe aufnehmen konnte. Das Materialproblem der Kokille hinsichtlich Warmfestigkeit und Wärmeausdehnung (Dichtigkeit gegen 100 bar Innendruck bis 800°C) wurde schließlich durch folgende Werkstoffkombination gelöst: Für die Kokillenteile **V2A** mit $\alpha = 19 \times 10^{-6}/°C$ und für die Schließschrauben Waspalloy mit $\alpha = 14{,}6 \times 10^{-6}/°C$ und $R_p = 710\ N/mm^2$ bei 700°C. Die geringe Warmfestigkeit des V2A wurde durch größere Querschnitte ausgeglichen. Die Dichtungen bestanden aus einfachem Kohlestoffstahl St 37. Die Kokillenteile wurden innen mit einer Al_2O_3-Schlichte ausgekleidet. Nach dem Füllen und Schließen wurde die Kokille evakuiert und zum Schmelzen in einen Ofen eingefahren. Nach dem Schmelzen wurde ein N_2-Druckstoß von 10-50 bar auf die Schmelze gegeben, die Kokille aus dem Ofen gezogen und mit

Preßluft abgekühlt.

Für diese Versuche wurden unbeschichtete und mit Ni-beschichtete Al_2O_3-Sinterfasern (vgl. Abschnitt 3,1) als gerichtete Kurz- oder Langfasern eingesetzt. Beispiele infiltrierter Langfasern in Flach- und Rundproben (mit einer ähnlich aufgebauten zylindrischen Kokille hergestellt) zeigt Bild 12. Benetzung und Infiltration sind gut, wie man an einem Querschliff (Bild 13) erkennen kann (das hier auftretende AlNi-Entektikum läßt sich durch schnellere Abkühlung unterdrücken).

Bruchproben (Bild 14) zeigen die gute Haftung der Fasern. Es findet kein merkliches "pull out" statt. An den kleinen Proben konnten vorerst nur Biegebruchversuche durchgeführt werden, die einen E-Modul von ca. 146.000 N/mm² und Randfaserbruchspannungen von etwa 510 N/mm² ergaben, was unter Berücksichtigung der Fasereigenschaften dem theoretischen Wert nach der Mischungsregel für 40-50 Vol.-% Faseranteil bereits nahe kommt.

Eine geringe Restporosität der Proben von etwa 2 % ließ sich durch nachträgliches Warmwalzen mit geringer Stichabnahme auf etwa 0,8 % verringern. Für umfassendere Eigenschaftsprüfungen und Anwendungsversuche erwiesen sich die Proben als zu klein. Daher wurde der Aufbau einer größeren Hochdruck-Schmelzinfiltrationsanlage vorgesehen, über die weiter unten berichtet wird.

5.2 Faserauswahl

Die bisher benutzten Fasern wiesen neben Vorteilen vor allem wirtschaftlicher Art zwei Nachteile auf: Geringe chemische Beständigkeit gegen Al-Schmelze (Kaolin- und Mullitfasern) und zu geringe Zugfestigkeit (Al_2O_3-Sinterfasern. In die weiteren Untersuchungen wurden daher unter vorläufiger Hintanstellung wirtschaftlicher

Gesichtspunkte die inzwischen erhältlichen SiC-Fasern (Hersteller: Forschungsinstitut Berghof GmbH, Tübingen) einbezogen, über deren Herstellung und Eigenschaften an anderer Stelle dieses Buches berichtet wird (6).
Hier wurden diese vergleichsweise dicken Fasern (ca. 100 µm Durchmesser) als Langfasern eingesetzt.

5.3 Hochdruck-Schmelzinfiltration mit hydraulicher Kokille

Für die Herstellung faserverstärkter Flachstäbe der ungefähren Größe 255 mm (Fasern 220 mm) x 20 mm x 3 mm wurde eine liegende Hochdruckkokille mit aufgesetztem Hochdruck-Schmelztiegel entwickelt, die zunächst in Ein-Säulen-Bauweise mit zentralem Drucktiegel, später aber wegen der gleichmäßigen Schließkraftverteilung in Zwei-Säulen-Ausführung mit einseitigem Drucktiegel gebaut wurde. Einen schematischen Querschnitt zeigt Bild 15. Die den Graphit-Schmelztiegel enthaltende Hochdruck-Schmelzkokille besteht aus der hochwarmfesten Legierung Nimonic 90 (2.4969), alle übrigen temperaturbeanspruchten Teile aus dem Matrizenstahl PM 524 (1.2343). Die Schmelzkokille wird induktiv geheizt, die obere und die untere Hälfte der Probenform durch eingelassene Heizpatronen. Die Zuleitungen für das ölfreie Vakuum und das Druckgas befinden sich oberhalb der Schmelzkokille. Die Schließkraft der ganzen Hochdruckform wird von oben durch den Stempel einer hydraulichen Presse aufgebracht, gegen deren Querträger die Apparatur durch eine Stahlplatte abgestützt ist. Die tatsächlichen Einzelteile der Hochdruck-Kokille (ohne die Kontroll- und Regel-Thermoelemente) zeigt Bild 16. Die Gesamtanordnung (allerdings noch mit Ein-Säulen-Kokille) zeigt Bild 17 mit hydraulicher Presse (max. 600 kN) mit Pumpe und Steuerung, Mittelfrequenz-Generator (10 kHz max. 30 kW) und mit Vakuumpumpstand (mit Turbomolekularpumpe).

Bei den Infiltrationsversuchen wurde mit Schmelztemperaturen im Bereich 750-800°C gearbeitet. In Übereinstimmung mit theoretischen Abschätzungen (siehe Anhang II) der Wärmebilanz des Tränkvorganges unter Berücksichtigung von Schmelze, Fasern und Kokillenwänden ergab sich eine Vorwärmung der Probenform auf 550-600°C als optimal. Die Schließkraft der Presse wurde auf etwa 200 kN eingestellt. Nach der mittleren Vorheizzeit von 1,5 ^{h} wurde ein Vakuum von etwa 10^{-3} mbar erreicht. Mit einer Leistung von 8-10 kW wurde der Al-Vorrat im Drucktiegel in etwa 10 min. aufgeschmolzen und auf 750-800°C überhitzt. Dann wurden die Induktionsheizung sowie das Vakuumsystem abgeschaltet und ein N_2-Druckstoß von etwa 75 bar auf die Schmelze gegeben. Gleichzeitig wurden die Zusatzheizungen der Druckform abgeschaltet. Der Fülldruck wurde noch ungefähr 1 min. aufrechterhalten (teilweise bis zur Unterschreitung einer bestimmten Temperaturgrenze in der Druckform), um eine eventuelle Nachspeisung der Druckform zu ermöglichen. Dann wurde der Druck abgeschaltet und die Form entlüftet.

5.4 Faserverstärkte Proben

Eine Reihe so hergestellter Proben mit 53 bis 66 Vol.-% Faseranteil zeigt Bild 18. Infolge der verwendeten Formschlichte sind die Oberflächen nicht ganz blank und eben. Die Faseranordnung vor und nach der Schmelzinfiltration ist aus Bild 19 zu ersehen. Vor der Infiltration besitzen die Fasern eine strenge Parallelausrichtung (Bild 19 a). Nach der Schmelztränkung zeigen Proben mit 53 Vol.-% teilweise wellenförmige Verbiegungen von Faserbündeln, hervorgerufen offenbar durch Wirbel in der Schmelzströmung (Bild 19b). Diese Verwirbelung unterbleibt in den Proben mit höherem Faseranteil von 66 Vol.-% (Bild 19c). Hier ist der mittlere Abstand der Fasern zu klein, um auch bei inhomogener Verteilung freie Abstände von der Größe des Faserdurchmessers und damit eine freie Querbewegung von Fasern zu ermöglichen.

Die dichte Faseranordnung bei etwa 65 % Füllgrad geht auch aus dem metallographischen Querschliff hervor (Bild 20). Die Schmelzinfiltration ist bereits recht gleichmäßig, doch sind noch einige kleine Fehlstellen zwischen dicht benachbarten Fasern vorhanden. Dies ist im wesentlichen auf die bei den ersten Proben relativ frühe Druckabschaltung nach dem Infiltrieren zurückzuführen, wodurch keine Nachspeisung zum Ausgleich der Erstarrungsschrumpfung möglich war.

Aus der Untersuchung von Bruchflächen im Biegeversuch gebrochener Proben mit dem Rasterelektronenmikroskop folgt die gute Haftung der Fasern in der Matrix, da in der ganzen Bruchfläche kein "pull out" von Fasern zu finden war (Bild 21).

Die ersten ohne Nachspeisung infiltrierten Proben ergaben infolge der offenbar kerbwirkenden Fehlstellen (vgl. Bild 20) noch ungenügende Randfaserbruchspannungen bei sprödem Bruch im Biegeversuch im Bereich 400 N/mm^2, während der E-Modul mit etwa 151.000 N/mm^2 dem Idealwert nach der Mischungsregel bereits sehr nahe kam. Für die mit verbesserter Nachspeisung (längerer Druckhaltezeit) infiltrierten Proben wurden erwartungsgemäß im Biegeversuch wesentlich höhere Randfaserbruchspannungen bis zu 840 N/mm^2 bei einem Faseranteil von 52,5 Vol.-% erhalten, wie Tabelle 1 für einige Beispiele zeigt. Auch diese Werte liegen noch zu niedrig, doch zeigen insbesondere die bei erhöhten Temperaturen (200 u. 300°C) gemessenen Werte eine deutliche Verstärkungswirkung. Die Ursache für die zu kleinen Werte sind noch vorhandene kerbwirkende Restporen, ungleichmäßige Kraftübertragung der Auflagestellten im Biegeprüfgerät (auf die nicht nachgearbeiteten Probenoberflächen) (vgl. Bild 18) und die teilweise noch nicht völlig parallele Faseranordnung in den Proben (vgl. Bild 19).

Die Gefügefehler lassen sich durch eine verstärkte Nachspeisung und durch einen Fasergehalt von 60 Vol.-% verringern. Für die Messung repräsentativer mechanischer Eigenschaften ist zusätzlich eine geeignete Formgebung der Probe etwa wie für genormte Flachzugproben mit Hilfe der Elektroerosiven oder ähnlicher Schneidtechnik erforderlich.

6. Heißpressen faserverstärkter Bleche

Alternativ zur pulvermetallurgischen Kurzfaserverstärkung und zur schmelzmetallurgischen Verstärkung mit Lang- und Kurzfasern wurden Untersuchungen durchgeführt zur Verstärkung von Blechen mit Langfasern mit der Methode des Heißpressens, um damit flächige faserverstärkte Bauteile aufbauen oder andere Teile gezielt teilverstärken zu können. Mit diesen Versuchen sollte die schwer in eine Halbzeugfertigung integrierbare Herstellung faserverstärkter Bänder ("tapes") nach der bekannten Wickel- und Plasmaspritztechnik mit ihren Nachteilen (mögliche Faserschädigung durch die bis zu 2.000°C heißen Schmelztröpfchen und die große Porosität der Schichten) umgangen werden. Dafür mußte jedoch die einfach Ein-Faden-Wickeltechnik durch eine andere Methode der Parallelordnung breiterer Faserlagen ersetzt werden. Hierfür erwies sich die Herstellung von Fasergeweben als nächst einfache Möglichkeit.

6.1 Fasergewebe

Mit dem Ziel, schmale Webbänder von etwa 5 bis 10 cm Breite, aber großer Länge mit längsgerichteten SiC-Fasern zu erzeugen, wurden Versuche in Zusammenarbeit mit einer Drahtweberei (Fa. Spörl & Co., Präzisionsdrahtweberei, Sigmaringen) unternommen, solcher Bänder mit SiC-Kettfäden und mit Schußfäden aus dünnem Al-Draht zu weben. Dabei sollten die Kettfäden möglichst dicht liegen, um später einen hohen Faseranteil im verstärkten Aluminium erreichen zu können, während die Al-Schußfäden möglichst große, die Parallelanordnung der SiC-Fasern aber noch gewährleistende Abstände haben sollten.

Die Ergebnisse dieser Versuche sind in einem Beispiel in Bild 22 dargestellt. Die gut parallel gerichteten SiC-Fasern mit Abständen von 150-200 µm werden durch 50 µm dicke Al-Drähte als Schußfäden mit Abständen von etwa 4 mm in ihrer Lage fixiert. Bei wesentlich größeren Abständen der Schußfäden war die homogene Parallelanordnung der SiC-Fasern nicht mehr gesichert. Kleinere Abstände der SiC-Fasern ließen sich mit Rücksicht auf den Mindest-Platzbedarf der Fadenführungen nicht erreichen.

Ein dichteres Gewebe läßt sich z.Zt. offenbar nur mit der umgekehrten Webtechnik erreichen, bei der dünne Al-Drähte im größeren Abstand als Kettfäden und die SiC-Fäden als Schußfäden eingesetzt werden. Solche Gewebe werden bereits aus Borfasern in Bahnen bis 175 cm Breite hergestellt (Hersteller: Avions Marcel Dassault-Bréguet Aviation, Argenteuil und Jean Brochier et Fils, Villeurbanne, France). In Zusammenarbeit mit dem Forschungsinstitut Berghof wurde die Herstellung entsprechender Gewebe aus SiC-Fasern mit 100 µm und 140 µm veranlaßt. Einen vergrößerten Ausschnitt aus einem solchen Gewebe mit 100 µm dicken SiC-Fasern zeigt Bild 23. Der mittlere Abstand (von Mitte zu Mitte) der SiC-Fasern beträgt etwa 120 µm. Der Abstand der Al-Kettfäden liegt bei 2,8 mm. Sie haben einen flachen Querschnitt mit ca. 400 µm Breite und ca. 50 µm Dicke. Hierdurch und durch die Webart - eine 6/2-Satinbindung - erklärt sich die hohe Dichte des Gewebes. Es ließ sich sehr leicht verarbeiten.

6.2 Heißpreßversuche

Für die Heißpreßtechnik zur Herstellung blechförmiger faserverstärkter Proben wurde eine Preßvorrichtung gebaut, die in Bild 24 in einer Prinzipskizze zu sehen ist. Sie besteht aus getrennt beheizbarem (bis ca. 700°C) Ober- und Unterteil und kann Proben bis 195 x 75 mm² aufnehmen. Als Werkstoff wurde wieder der Matrizenstrahl PM 524 (1.2343) gewählt. Die zusammengebaute Preßform mit Thermoelementen, Heizleitungen und Anschlußstücken an den Stempel der hydraulichen Presse (vgl. Bild 17) zeigt Bild 25 (das Anschlußstück und die Grundplatte sind bereits für den Anschluß eines vakuumdichten Gehäuses für Versuche im Vakuum oder unter Schutzgas vorbereitet).

In Vorversuchen an Luft mit Al-Blechen 0,7 mm und zwischengelegten Al-Drähten von 1 mm Ø, die vorher entfettet und chemisch geglänzt wurden, wurden die notwendigen Preßbedingungen ermittelt. Gute metallische Verbindungen ergaben sich nach 1^h bei 600°C mit 10-40 N/mm² Preßdruck, obwohl die Reste der Oxidhärte noch auf den Verbindungsnähten zu sehen waren.

Zur Optimierung der Verbundherstellung wurden Preßversuche mit etwa 10 mm breiten parallelen Lagen dicht benachbarter Si-Fasern zwischen gleichen Beilageblechen wie vorher mit Temperaturen von 500 bis 620°C, Preßdrucken von 10 bis 40 N7mm² und Preßzeiten von 2 h bis herunter zu 5 Sekunden ausgeführt (bei den kurzen Preßzeiten wurden die Proben 3 Minuten in der Presse vorgewärmt). Trotz des geringen Abstandes wurden alle Fasern beim Pressen vom Matrixmaterial (der Bleche) umflossen, das trotz der Oxidreste zwischen den Fasern miteinander verschweißt und gut an den Fasern haftete. Dies ist auf die beträchtliche Oberflächenvergrößerung der Bleche beim Einfließen zwischen die Fasern zurückzuführen, wie Bild 26 schematisch zeigt. Je nach Faserabstand werden dabei bis über 50 % neue, d.h. oxidfreie Oberfläche erzeugt, die zur Verschweißung geeignet ist. Die wenig verformten Bereiche der Bleche außerhalb der Faserpackungen waren nach den kürzeren Preßzeiten und/oder geringeren Preßtemperaturen erwartungsgemäß noch nicht verschweißt.

Mit den optimierten Preßparametern T = 615°C, Vorheizzeit 3 min., Preßdruck ca. 20 N/mm² und Preßzeit 15 sek.

wurden breite Lagen von SiC-Einzelfasern und probengroße Stücke von Fasergewebe zwischen Al-Blechen von 0,7 mm Dicke heißgepreßt (Bild 27). Die Haftfestigkeit des Verbundes war bereits überraschend gut, wie aus dem Querschliff in Bild 28 hervorgeht, der die gute Einbindung der Fasern und die Verschweißung der Bleche zwischen den Fasern erkennen läßt.

6.3 Heißpressen mit lotplattierten Blechen

Analog zu den vorstehend beschriebenen Versuchen wurden Heißpreßversuche mit einer Lage Fasergewebe zwischen lotplattierten 0,3 mm dicken Blechen aus AlMn1 mit einer einseitigen Plattierschicht von ca. 10 % der Dicke aus einer Lotlegierung auf der Basis AlSi 10 durchgeführt (8).Die Preßtemperatur lag mit 600°C hinreichend über der Löttemperatur von 590°C für diese Lotlegierung, so daß das Heißpressen mit flüssiger Zwischenphase, d.h. mit geschmolzenem Lot, erfolgte. Der Preßdruck wurde von 1 bis 20 N/mm² variiert. Nach Aufbringen des Preßdruckes wurde die Heizung abgeschaltet und der Druck aufrechterhalten, bis die Temperatur der Preßform 500°C unterschritt, um eine Wiederauflösung der Probe bei noch flüssigem Lot zu verhindern. Die überschüssige Lotmenge wurde seitlich aus dem Verbund herausgedrückt, wie Bild 29 zeigt. Das bedeutet, daß an sich viel geringere Plattierschichtdicken als die 30 µm der verwendeten handelsüblichen 0,3 mm dicken Lotplattierbleche für dieses Verfahren ausreichen sollten.

Die bessere Bindung wurde auch bei diesen Versuchen bei den höheren Preßdrucken erreicht, bei denen die Kernbleche ebenfalls wieder zwischen die Faser eingepreßt wurden. Dann ließen sich auch gute Bindungen erreichen, wenn nur eins der beiden Bleche lotplattiert und das andere z.B. ein Blech aus Al 99,5 war, wie Bild 30 an einem Querschliff zeigt. Hierbei ist das weichere Rein-Al tiefer zwischen die Fasern eingepreßt als das das AlMn1 . Mit zwei lotplattierten AlMn1-Blechen lag die Trenn- und Schweißschicht beider Bleche stets in der Mittelebene zwischen den Fasern.

Die gute Haftung des Verbundes geht aus Abschälversuchen hervor, wie Bild 31 beweist. Beim gewaltsamen Abwickeln des Deckbleches erfolgt das Aufreissen nicht in der Grenzschicht Faser - Matrix, sondern im Matrixwerkstoff. Eine unregelmäßige dünne Schicht des letzteren bleibt an den Fasern haften. Diese feste Bindung ist offenbar darauf zurückzuführen, daß der Kernwerkstoff der plattierten Bleche durch die hohe Umformung beim Walzplattieren (>99% Dickenabnahme) eine nahezu oxidfreie Grenzfläche zur Lotplattierung besitzt Beim Heißpressen des Faserverbundes bewirkt das schmelzende Lot weiterhin oxidfreie Grenzflächen und sorgt damit für die gute Verschweißung der Bleche und die gute Haftung der Fasern. Auch in den Bereichen, in denen keine Heißpreßschweißung im festen Zustand stattgefunden hat, bewirkt das erstarrende Lot eine metallische Verbindung der Komponenten.

Nach dem gleichen Verfahren können mehrlagig faserverstärkte Bleche hergestellt werden, wie Bild 32 für eine dreilagig verstärkte Probe aus einseitig bzw. beidseitig mit AlSi 10 plattierten AlMn1-Blechen (Außen- bzw. Innenbleche) zeigt. Die Preßbedingungen waren wie vorher, jedoch wurde der Preßdruck auf etwa 28 N/mm^2 erhöht, um die Einbindung zu verbessern. Der noch relativ geringe Faseranteil ist auf die für die Versuche zur Verfügung stehenden relativ dicken (0,3 mm) loplattierten Bleche zurückzuführen. Optimal wären etwa 0,1 mm dicke Bleche.

6.4 Thermische Nachbehandlung

Auch bei höheren Preßdrucken wird bei der Verbundherstellung mit lotplattierten Blechen nicht die gesamte Menge des flüssigen AlSi-Lotes aus der Probe herausgepreßt. Es bleiben vielmehr insbesondere zwischen den Fasern kleine Reste des Eutektikums AlSi 12 zurück, wie in Bild 33 an den größeren dunklen Einschlüssen zu sehen ist. Dieses restliche Eutektikum schmilzt beim Wiederaufheizen auf über 577°C (eutektische Temperatur) wieder auf und macht damit eine Warmbearbeitung und -verarbeitung der verstärkten Bleche, z.B. durch Löten, unmöglich.

Wenn man das verstärkte Blech jedoch längere Zeit unterhalb der eutektischen Temperatur tempert, so wandert das überschüssige Si aus dem Resteutektikum durch Diffusion in das umgebende Blech hinein und senkt die örtliche Si-Konzentration von ursprünglich 12 % soweit ab, daß beim Wiederaufheizen auf 600°C oder höher keine flüssige Phase mehr auftritt. Diese Änderung des Gefüges zeigt Bild 34, das eine gleiche Probe wie in Bild 33 nach einer Nachglühung von 4^h bei 500°C darstellt. Die Rest von Eutektikum zwischen den Fasern sind vollständig verschwunden.

Dieser Vorgang läßt sich durch Differential-Thermo-Analyse (DTA) quantitativ nachweisen. Bei linearem Aufheizen zeigt eine Probe im Zustand nach dem Heißpressen bei 573°C einen ersten endothermen Temperaturdifferenz-Peak gegen eine inerte Rein-Al-Probe, der eindeutig auf das Schmelzen des restlichen AlSi 12-Eutektikums zurückzuführen ist (Bild 35). Der nachfolgende große endotherme Peak ab 642°C entspricht dem Aufschmelzen der Legierung des Kernbleches. Die Abkühlkurve zeigt einen analogen Verlauf mit entsprechend zu höheren Temperaturen verschobenen Peak-Anfängen.

Wiederholt man die gleiche DTA-Messung mit einer 6^h bei 500°C nachgetemperten Probe, so ist der bei 573°C (Aufheizen) bzw. 587°C (Abkühlen) einsetzende

Peak des Rest-Eutektikum völlig verschwunden (Bild 35) und es treten nur noch die Schmelz- und Erstarrungsvorgänge des Kernbleches auf.

6.5 Faserverstärkte Proben

Von einer Reihe so hergestellter Proben wurden Festigkeitswerte aus in Längsrichtung abgetrennten 20 mm breiten Streifen ohne weitere Vorbereitung im normalen Zugversuche geprüft. Wegen der relativ dicken lotplattierten Bleche ist der Faservolumenanteil der Proben klein, liegt aber immer oberhalb des kritischen Faseranteils, bei dem eine Verstärkungswirkung überhaupt erst einsetzt. Nach der linearen Mischungsregel gilt für diesen Faseranteil

$$\sigma_C = \sigma_F \cdot f_F + \sigma_M^* \cdot (1-f_F) = \sigma_M \qquad (6.5.1)$$

mit σ_C; σ_F, σ_M = Festigkeiten von Composit (C) Faser (F) und Matrix (M)

σ_M^* = Matrix-Fließspannung bei Erreichen der Faserfestigkeit (wenig oberhalb der Streckgrenze)

f_F = Faser-Volumenanteil

oder

$$(f_F)_{krit.} = \frac{\sigma_M - \sigma_M^*}{\sigma_F - \sigma_M^*} \qquad (6.5.2)$$

Mit einer mittleren Faserfestigkeit für unsortierte Faserstücke

$$\sigma_F \approx 2500 \text{ N/mm}$$

und den Festigkeiten und Fließspannungen der Matrixwerkstoffe in sehr weichem Zustand nach dem Pressen bei ca. 600°C nach folgender Aufstellung

	σ_M	σ_M^*	
AlMn 1	100	50	N/mm^2
AlMgSi 1	120	60	N/mm^2
Al 99,99	60	30	N/mm^2

erhält man folgende kritischen Faseranteile

AlMn 1	:	$(f_F)_{krit.}$	= 2,0 %
AlMgSi1	:	"	= 2,5 %
Al 99,99	:	"	= 1,2 %

Die tatsächlichen Faseranteile (3,3 bis 13,5 %) liegen somit oberhalb dieser Grenze. Auf den Gesamtquerschnitt bezogene kleinere Verbundfestigkeiten σ_c bedeuten dann eine noch zu geringe Ausnutzung der Faserfestigkeit. Die "effektive" Faserfestigkeit σ_F^* ergibt sich aus Gleichung (6.5.1) zu

$$\sigma_F^* = \frac{\sigma_c - \sigma_M^*(1-f_F)}{f_F}$$

und der "Wirkungsgrad" η_F der Faserverstverstärkung zu

$$\eta_F = \frac{\sigma_F^*}{\sigma_F}$$

Beide Größen sind in Tabelle 2 mit aufgeführt. Mit Hilfe der Gleichung (6.5.3) läßt sich die gemessene Verbundfestigkeit σ_c umrechnen in die (fiktive) Festigkeit, die bei gleichen Wirkungsgrad η_F bei einem Faseranteil f_F von 50 % erreicht würde. Mit f_F = 0,5 folgt dann aus Gleichung (6.5.1)

$$\sigma_c^{(50)} = 0{,}5 \cdot (\sigma_F^* \quad \sigma_M^*)$$

Diese Werte sind ebenfalls in Tabelle 2 angegeben.

Aus Tabelle 2 geht hervor, daß der Faserwirkungsgrad im Mittel nur 42,6% beträgt. Das ist vor allem auf die provisorische Prüftechnik zurückzuführen, bei der Kerbwirkungen und überlagerte Biegespannungen nicht ausgeschlossen werden können, aber auch auf die in den meisten Proben noch nicht optimale Haftung der Fasern und Gleichmäßigkeit der Krafteinleitung. Trotzdem gibt es bereits Proben mit Faserwirkungsgraden von über 70 % und daraus umgerechneten 50 %-Verbundfestigkeiten bis zu 950 N/mm². Damit ist gezeigt, daß auch mit dieser vergleichsweise einfachen Verbindungstechnik beachtliche Faserverstärkungswirkungen erreicht werden können.

7. Schlußbemerkungen

Das ursprüngliche Ziel der Untersuchungen, ein weiterverarbeitbares, kostengünstiges Halbzeug mit Kurzfaserverstärkung, konnte mangels geeigneter, preiswerter Kurzfasern noch nicht erreicht werden. Ob dies in Zukunft mit SiC-, Graphit- oder anderen Fasern möglich sein wird, kann noch nicht schlüssig beantwortet werden.

Die beiden alternativ entwickelten Verstärkungstechniken, die Hochdruck-Schmelzinfiltration und die Heißpreßtechnik, sind grundsätzlich leicht in eine entsprechende Gußteil- bzw. Halbzeug- oder Bauteilfertigung zu integrieren, da sie keine artfremden Verfahren wie Plasmaspritzen oder ähnliche enthalten. Beide Techniken bedürfen noch einer abschließenden Optimierung, um die volle Verstärkungswirkung der Fasern zu erreichen. Ihre wirtschaftliche Einsatzmöglichkeit hängt ebenfalls weitgehend von der Entwicklung auf dem Gebiet der Verstärkungsfasern ab.

8. Literatur

(1) G. Sporleder
Herstellung von Fasern aus Werkstoffen mit Schmelztemperaturen bis 2.000°C in reduzierender Atmosphäre
Haus der Technik, Essen; Vortragsveröffentlichungen, Heft 298 (1972) 7

(2) G.E.G. Bagg, M.E.N. Evans, A.W.M. Pryde
The glycerine process für the alignment of fibres and whiskers
Composites Dezember 1969, 97

(3) K.F. Sahm
Herstellung und Eigenschaften kurzfaserverstärkter Aluminiumlegierungen
Aluminium 50(1974) 765

(4) H. Richter
Verbundwerkstoffe mit gerichteten Kurzfasern in Kunstharzmatrix
Werkstofftechnik Jan.-Febr. 1973, 18

(5) Messerschmidt-Bölckow - Blohm GmbH
DPS 2163799 vom 22.12.1971

(6) P. Gruber
Verbundwerkstoffe aus Siliciumcarbidfasern bzw. Stahldrähten in Aluminiummatrix
dieser Band

(7) Bayer AG, Leverkusen;
DPS 2054573 vom 06.11.1970

(8) Vereinigte Aluminiumwerke AG, Bonn;
Deutsche Patentanmeldung 3000171 vom 04.01.1980

Anhang I: Druckverhältnisse bei der Schmelztränkung

Bei der Schmelztränkung müssen die Oberflächenspannung sowie der Strömungswiderstand der Schmelze zwischen den Fasern durch einen äußeren Imprägnierungsdruck überwunden werden:

$$P_i = P_\gamma + P_v \tag{A1}$$

Die Kraft der Oberflächenspannung γ in Längsrichtung von n Fasern pro cm² mit dem Durchmesser d ist

$$P_\gamma = n \cdot \pi \cdot d \cdot \gamma \tag{A2}$$

oder mit dem Faservolumenanteil f

$$f = n \cdot \frac{\pi}{4} \cdot d^2 \tag{A3}$$

$$P_\gamma = \frac{4 \cdot f \cdot \gamma}{d} \tag{A4}$$

Bei Imprägnierung mit endlicher Geschwindigkeit v erhält man wegen der Viskosität η der Al-Schmelze einen Druckabfall in den kapillarähnlichen Zwischenräumen zwischen den Fasern, für den näherungsweise das Hagen Poiseuille'sche Gesetz gilt:

$$P_v = \frac{8 \cdot \bar{v} \cdot \eta \cdot l}{r^2} \tag{A5}$$

wobei l der Strömungsweg und r der Kapillarradius sind. Für r kann man näherungsweise den kleinsten Radius des Zwischenraumes zwischen hexagonal mit Mittelpunktsabständen s angeordneten Fasern einsetzen:

$$r = \frac{s}{\sqrt{3}} - \frac{d}{2} \tag{A6}$$

Für s kann man den Faseranteil f einführen

$$f = \frac{\pi \cdot d^2}{2 \cdot \sqrt{3} \cdot s^2} \tag{A7}$$

oder

$$s = d \cdot \sqrt{\frac{\pi}{2 \cdot \sqrt{3} \cdot f}} \qquad \text{(A8)}$$

Damit erhält man für den Druckabfall nach Gleichung (A5)

$$P_v = \frac{8 \cdot \bar{v} \cdot \eta \cdot l}{d^2 \cdot \left(\sqrt{\frac{\pi}{6 \cdot \sqrt{3} \cdot f}} - \frac{1}{2} \right)^2} \qquad \text{(A9)}$$

Der gesamte Imprägnierungsdruck wird damit nach Gleichung (A1), (A4) und (A9)

$$P_i = \frac{4 \cdot f \cdot \gamma}{d} + \frac{8 \cdot \bar{v} \cdot \eta \cdot l}{d^2 \cdot \left(\sqrt{\frac{\pi}{6 \cdot \sqrt{3} \cdot f}} - \frac{1}{2} \right)^2} \qquad \text{(A10)}$$

Beispiel (Versuchsdaten):

d = 0,01 cm; f = 0,5; l = 22 cm

γ = 850 dyn · cm^{-1} = 8,5 · 10^{-3} N · cm^{-1}

η = 1,13 · 10^{-2} Poise = 1,13 · 10^{-3} $N \cdot s \cdot m^{-2}$ = $1{,}13 \cdot 10^{-7}$ $N \cdot s \cdot cm^{-2}$

Bei einer "Schußzeit" von $\Delta t \approx 0{,}01$ sek ergibt sich eine Geschwindigkeit $\bar{v} \approx 2 \cdot 10^3$ $cm \cdot s^{-1}$. Damit erhält man für die beiden Anteile des Imprägnierungsdruckes

$$P_\gamma = 1{,}70\ N \cdot cm^{-2} = 0{,}17\ bar$$

und

$$P_v = 657{,}9\ N \cdot cm^{-2} = 65{,}8\ bar$$

insgesamt also

$$P_i = 66{,}0\ bar \qquad \text{(A11)}$$

Der Druckanteil des Strömungswiderstandes überwiegt bei weitem. Das Ergebnis zeigt außerdem, daß für eine schnelle Infiltration erhebliche Fülldrucke aufgebracht werden müssen.

Anhang II: Der Wärmeumsatz bei der Schmelzinfiltration

Die Einlagerungsfasern und die Wände der Druckgußform müssen während der Infiltration annähernd bis auf die Schmelztemperatur des Al angewärmt werden, um ein zu frühes Erstarren der Schmelze zu verhindern und damit ein freies Durchfließen der Schmelze zu ermöglichen. Daher muß die hierzu benötigte Wärmemenge teils aus der Vorheizung von Form und Fasern, teils von der Überhitzungswärme der Schmelze, nicht jedoch aus deren Erstarrungswärme aufgebracht werden.

a) Wärmeaufnahme der Fasern

Infolge des geringen Durchmessers der Fasern kann man ihre vollständige Durchwärmung annehmen. Die aufgenommene Wärmemenge ist dann

$$\Delta H_F = m_F \cdot C_{PF} \cdot (T_S - T_V) \qquad \text{(A12)}$$

Hierin bedeuten

m_F = Masse der Fasern

C_{PF} = spezif. Wärme C_p der Fasern

T_S = Schmelztemperatur des Al (= 660°C)

T_V = Vorwärmetemperatur von Form und Fasern

b) Wärmeaufnahme der Gußform

Während der sehr kurzen Infiltrationszeit Δt dringt eine Temperaturfront nach dem Zeitgesetz der Wärmeleitung in die Formwände ein. Für die Eindringtiefe X_t gilt dann die bekannte Beziehung

$$X_t = \sqrt{2\,\kappa \cdot \Delta t} = \sqrt{2 \cdot \frac{\lambda}{c \cdot \rho} \cdot \Delta t} \qquad \text{(A13)}$$

An dieser Stelle X_t ist die Temperatur auf den e-ten Teil der Wandtemperatur abgesunken. Für die Wandtemperatur T_W kann man dabei annehmen

$$T_W = T_S \tag{A14}$$

da durch Erstarrung einer dünnen Al-Haut stets so viel Wärme nachgeliefert wird, daß auf der Wand während des kurzen Füllvorganges T_S annähernd erhalten bleibt. Für die aufgenommene Wärmemenge je cm² Wandoberfläche kann man dann näherungsweise setzen

$$\Delta h_g = X_t \cdot \varrho_g \cdot c_{pg} \cdot (T_s - T_v) \tag{A15}$$

Wobei ϱ_g und c_{pg} Dichte bzw. spezifische Wärme des Wandmaterials bedeuten. Für die Gesamtfläche F_G der Formwände ergibt sich dann

$$\Delta H_g = F_g \cdot X_t \cdot \varrho_g \cdot c_{pg} \cdot (T_s - T_v) \tag{A16}$$

oder mit Gleichung (A13)

$$\Delta H_g = \sqrt{2 \cdot (\lambda \cdot c \cdot \varrho)_g \cdot \Delta t} \cdot F_g \cdot (T_s - T_v) \tag{A17}$$

c) Wärmeabgabe der Al-Schmelze

Die noch ein einwandfreies Fließen ermöglichende Wärmeabgabe bis zum Erreichen der Erstarrungstemperatur ist

$$\Delta H_{Al} = - m_{Al} \cdot c_{pAl,Fl.} \cdot (T_{ü} - T_s) \tag{A18}$$

wobei $T_ü$ die Überhitzungstemperatur, m_{Al} die Masse und $c_{pAl,Fl.}$ die spezifische Wärme der Al-Schmelze bedeuten. Die zur Formfüllung benötigte Menge Al-Schmelze m_{Al} hängt außer vom Formvolumen V_g vom Volumen der eingebrachten Fasern V_F ab:

$$V_{Al} = V_g - V_F \tag{A19}$$

oder

$$m_{Al} = \varrho_{Al,fl} \cdot V_{Al} = \varrho_{Al,fl} \cdot (V_g - V_F) \tag{A20}$$

wobei $\varrho_{Al,fl}$ die Dichte der Al-Schmelze ist. Die leere Gußform wird mit der Menge $(m_{Al})_{leer}$ Aluminium gefüllt:

$$V_g = \frac{(m_{Al})_{Leer}}{\varrho_{Al,fl}} \tag{A21}$$

Das Volumen der Fasern ist

$$V_F = \frac{m_F}{\varrho_F} \tag{A22}$$

mit m_F und ϱ_F als Fasermenge bzw. Faserdichte.
Die Füllmenge Al in die mit Fasern gefüllte Form ist dann

$$m_{Al} = (m_{Al})_{Leer} - m_F \cdot \frac{\varrho_{Al,fl}}{\varrho_F} \tag{A23}$$

Damit ist die Wärmeabgabe der Al-Schmelze

$$\Delta H_{Al} = -\left[(m_{Al})_{Leer} - m_F \cdot \frac{\varrho_{Al,fl}}{\varrho_F}\right] \cdot c_{pAl,fl} \cdot (T_{ü} - T_s) \tag{A24}$$

d) der Wärmeausgleich

Hierfür gilt

$$\Delta H_{Al} + \Delta H_g + \Delta H_F = 0 \tag{A25}$$

oder mit den Gleichungen (A12, 17,24) unter Berücksichtigung der Vorzeichen für Wärmeabgabe und -aufnahme!

$$-\left[(m_{Al})_{Leer} - m_F \cdot \frac{\varrho_{Al,fl}}{\varrho_F}\right] \cdot c_{pAl,fl} \cdot (T_{ü} - T_s) + \sqrt{2 \cdot (\lambda \cdot c \cdot \varrho)_g \cdot \Delta t} \cdot F_g \cdot (T_s - T_v) + m_F \cdot c_{pF} \cdot (T_s - T_v) = 0 \tag{A26}$$

zwischen der notwendigen Überhitzung der Schmelze (Tü-Ts) und der erforderlichen Vorwärmung Tv von Form und Fasern ergibt sich damit die Beziehung

$$(T_{ü} - T_s) = \frac{\left[m_F \cdot c_{pF} + \sqrt{2 \cdot (\lambda \cdot c \cdot \varrho)_g \cdot \Delta t} \cdot F_g\right]}{\left[(m_{Al})_{Leer} - m_F \cdot \frac{\varrho_{Al,fl}}{\varrho_F}\right] \cdot c_{pAl,fl}} \cdot (T_s - T_v) \tag{A27}$$

oder symbolisch

$$(T_ü - T_s) = C \cdot (T_s - T_v) \qquad \text{(A28)}$$

wobei C das Verhältnis zweier Wärmekapazitäten darstellt.

Für die Anwendung der Gleichung (A27) sind folgende Materialwerte einzusetzen:

$\rho_{Al,fl}$ = 2,34 $g \cdot cm^{-3}$ bei 800°C

$c_{pAl,fl}$ = 1,045 $J \cdot g^{-1} \cdot K^{-1}$

ρ_F = 3,36 $g \cdot cm^{-3}$ für SiC-Fasern 100 µm Ø mit W-Seele mit 10 µm Ø

c_{PF} = 0,63 $J \cdot g^{-1} \cdot K^{-1}$ für vorstehende Fasern

ρ_g = 7,75 $g \cdot cm^{-3}$ für Stahl 1.2343

c_g = 0,655 $J \cdot g^{-1} \cdot K^{-1}$ für 1.2343

λ_g = 0,262 $W \cdot cm^{-1} \cdot K^{-1}$ für 1.2343

Für die gegebenen Abmessungen der Form und der Menge Fasern (50 % Füllgrad) ergibt die Gleichung (A27) für eine Schußzeit von 0,01 sek, wie sie bei Druckgußvorgängen auftreten kann, bei einer Vorwärmtemperatur T_v = 550°C eine notwendige Überhitzung der Schmelze auf $T_ü$ = 845°C. In Anbetracht der vereinfachten Annahmen in Gl. (A27) stellt dies eine gute Näherung dar. Der tatsächliche Wert dürfte tiefer liegen, da ein kleiner Bruchteil erstarrter Schmelze (mit freiwerdender Schmelzwärme von 396 $J \cdot g^{-1}$) bei der Infiltration tolerierbar sein wird.

Im Grenzfall sehr schneller Formfüllung, d.h. ohne Formerwärmung nach Gl. (A17), würde sich eine Überhitzungstemperatur von $T_ü$ = 740°C ergeben. Der wahre Wert muß zwischen diesen Grenzen liegen.

Trotz dieser Unsicherheit ergibt sich eindeutig, daß eine weitgehende Vorwärmung von Form und Fasern und zusätzlich eine beachtliche Überhitzung der Schmelze erforderlich sind. Die experimentellen Befunde während der Optimierungsversuche haben dies bestätigt.

Tabelle 1

Biegebruchfestigkeiten durch Hochdruck-Schmelzinfiltration mit SiC-Fasern verstärkter Al-Proben

Probe	Matrix	Faseranteil	Meßtemperatur	Biegebruchfestigkeit
28	Al	52,5 Vol.-%	RT	763 $N.\ mm^{-2}$
33	"	"	RT	833 "
37	ASi 12	"	RT	335 "
41	"	59,0 "	RT	258 "
40	"	65,6 "	RT	354 "
36	"	52,5 "	200°C	408 "
34	"	"	300°C	598 "

Tabelle 2

Gemessene und auf 50 Vol.-% SiC-Fasern umgerechnete Zugfestigkeiten durch Heißpressen mit SiC-Fasergewebe verstärkter lotplattierter ca. 0,3 mm dicker Al-Bleche

Probe	Querschnitt (mm^2)	Matrix	Faserlagen	Faser-Ø	Faseranteil	σ_c $N.mm^{-2}$	σ_F^* $N.mm^{-2}$	η_F	σ_c(50) bei f = 0,5
1a	33,3	2xAlMn1	1	100 µm	3,3 Vol.-%	84	1080	43 %	565 $N.mm^{-2}$
1b	32,8	"	"	"	"	"	"	"	" "
2a	32,0	"	1	140 µm	4,8 Vol.-%	79	654	26 %	352 "
2b	31,9	"	"	"	"	86	800	32 %	425 "
3a	30,0	Al99,99 + AlMn1	1	100 µm	3,7 "	65	715	29 %	378 "
8a	26,4	Al99,99 + 3x AlMn 1	3	100 µm	12,5 %	116	613	25 %	329 "
9a	43,7	3xAlMn1	2	"	5,0 "	131	1670	67 "	860 "
9b	45,7	"	"	"	4,8 "	136	1842	74 "	946 "
10a	24,4	Al99,99 + 3x AlMn 1	3	100 µm	13,5 "	147	801	32 "	423 "
11a	31,2	AlMgSi1+ 2xAlMn1	2	100 µm	7,1 "	132	1140	46 "	597 "
11b	31,7	"	"	"	6,9 "	141	1301	52 "	678 "

$\overline{\eta_F}$ = 42,6 %

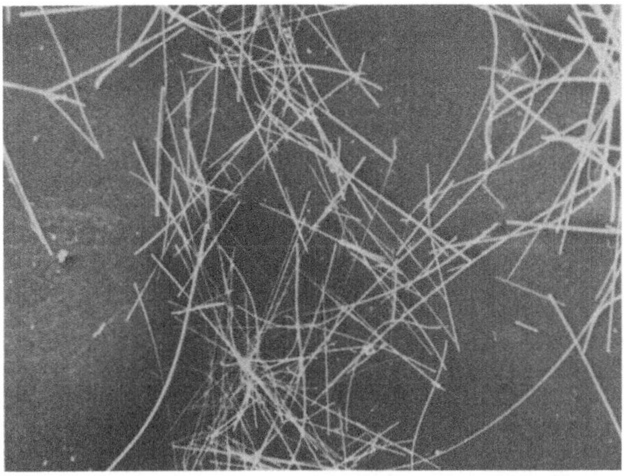

Bild 1

Kaolinfasern. Ausgangsstruktur (Watte) mit Zentrifugalmühle trocken zerkleinert

70 x

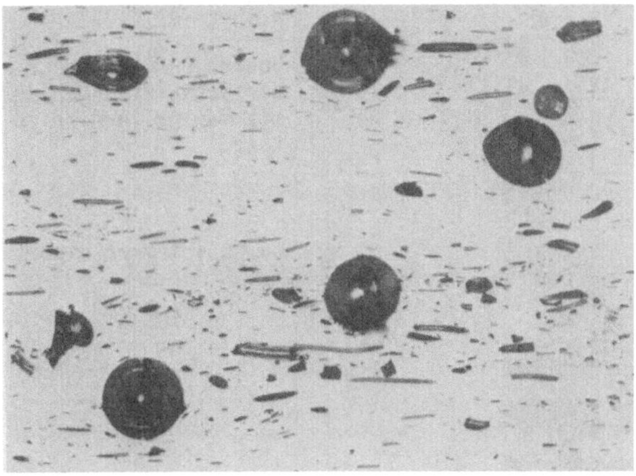

Bild 2

Längsschliff durch faserverstärkte Preßstange; Kaolinschmelztropfen und vielfach gebrochene Fasern mit guter Ausrichtung

100 x

Bild 3

Al_2O_3-Sinterfasern (ca. 90 % Al_2O_3), Ausgangszustand (Hälfte eines Fasergebindes).

ca. 3 : 1 verkleinert

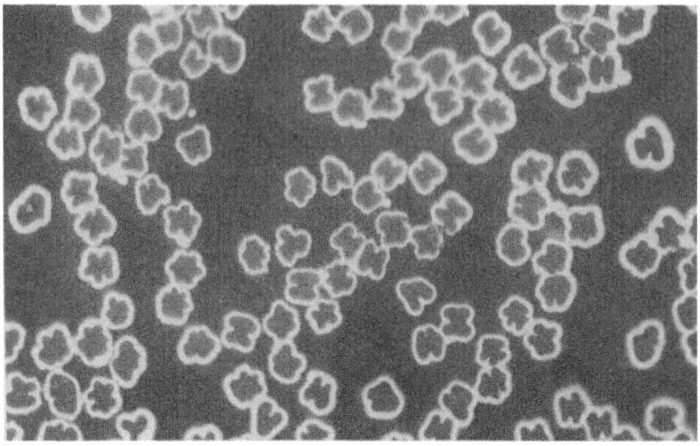

Bild 4

Al_2O_3-Sinterfasern, vernickelt nach dem Nikalyt-Verfahren; Querschliff, ungeätzt

500 x

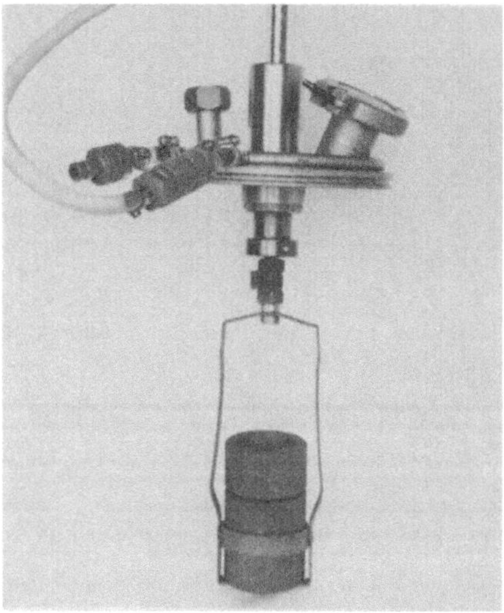

Bild 5

Oberer Deckelflansch der Schmelztränkanlage mit Manipuliereinrichtung.

ca. 5 : 1 verkleinert

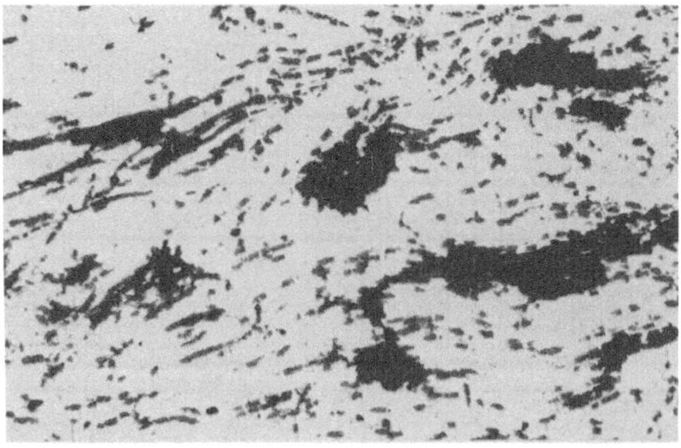

Bild 6

Schmelzinfiltrierte Probe aus Al_2O_3-Sinterfasern mit teilweiser Benetzung der Einzelfasern; Längsschliff

100 x

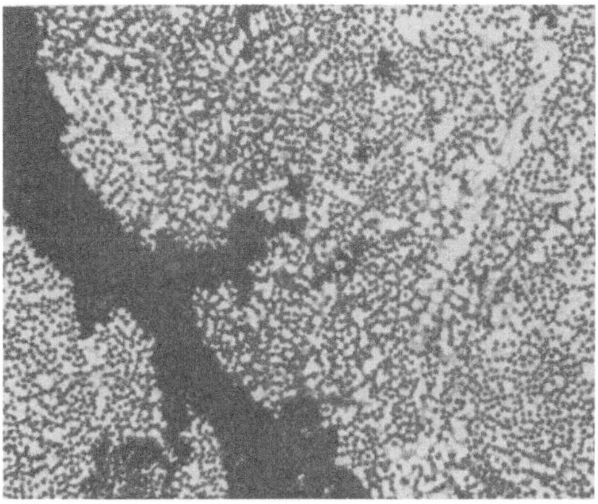

Bild 7

Niederdruck-Schmelzinfiltration unter H_2, 750°C, 2 min., Al_2O_3-Sinterfasern vernickelt; Querschliff geätzt 25 s in 0,5 % HF bei RT

100 x

Bild 8

Faserausrichtungsanlage Teilansicht: Zulauf, Siebtrommel, Vakuumleitung, Motor

ca. 10 : 1 verkleinert

Bild 9

Orientiertes Faservlies aus Al_2O_3-Sinterfasern; Rasterelektronenmikroskopische Aufnahme nach Goldbedampfung

30 x

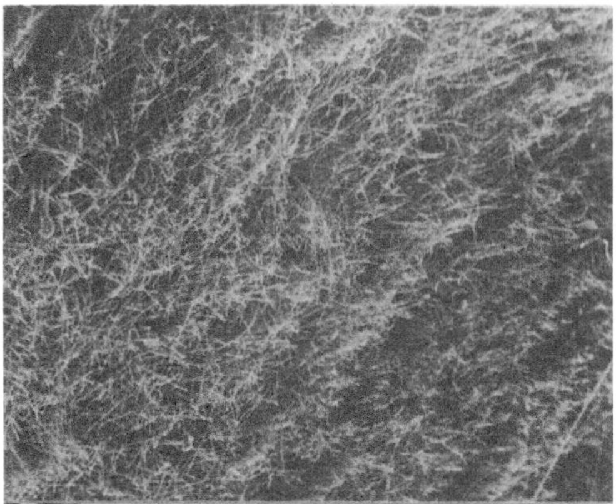

Bild 10

Ausgerichtete Matte aus Kaolinfasern , Querschnitt, Rasterelektronenmikroskopische Aufnahme

30 x

Bild 11

Verschraubte Hochdruck-Schmelzkokille für Flachproben; mit Probe, Hochdruckdichtungen und Vakuum- und Druckzuleitung;

ca. 12,5 : 1 verkleinert

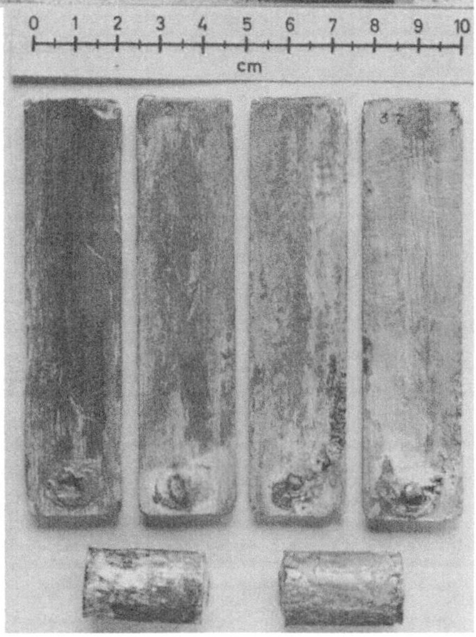

Bild 12

Muster von hochdruckschmelzinfiltrierten Flach- und Rundproben

ca. 1,3 : 1 verkleinert

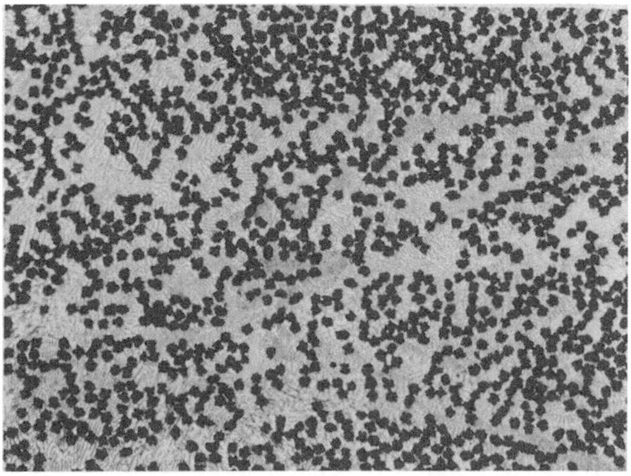

Bild 13

Hochdruck-schmelzinfiltrierte Probe mit vernickelten Al_2O_3-Sinterfasern; Matrix mit AlNi-Eutektikum durch langsame Abkühlung; Querschliff, geätzt 30 s in H_2SO_4-HF-Lösung bei RT,

200 x

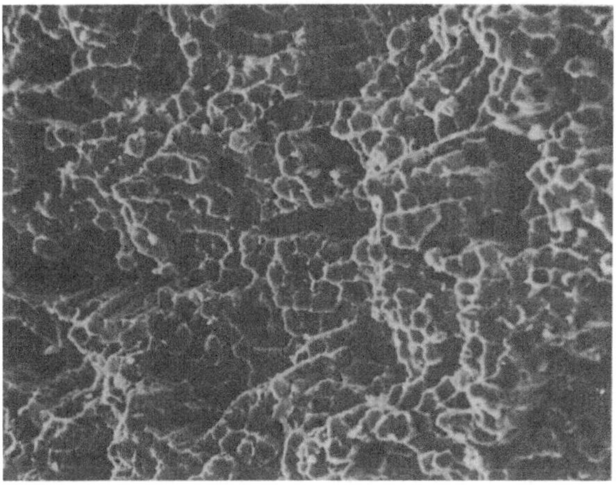

Bild 14

Raster-Elektronenmikroskopische Aufnahme vom Bruchgefüge hochdruckschmelzinfiltrierter Al_2O_3-Sinterfasern; Querbruch, kein "pull out" der Fasern;

300 x

(Bild 15 s. nächste Seite)

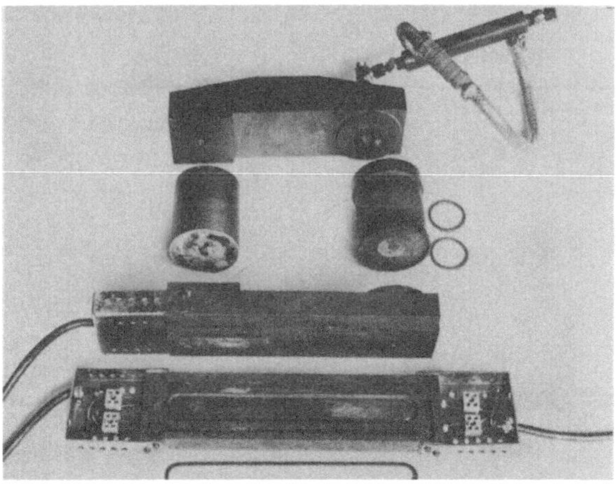

Bild 16

Einzelteile der hydraulichen Hochdruck-Schmelzinfiltrationskokille

ca. 6,3 : 1 verkleinert

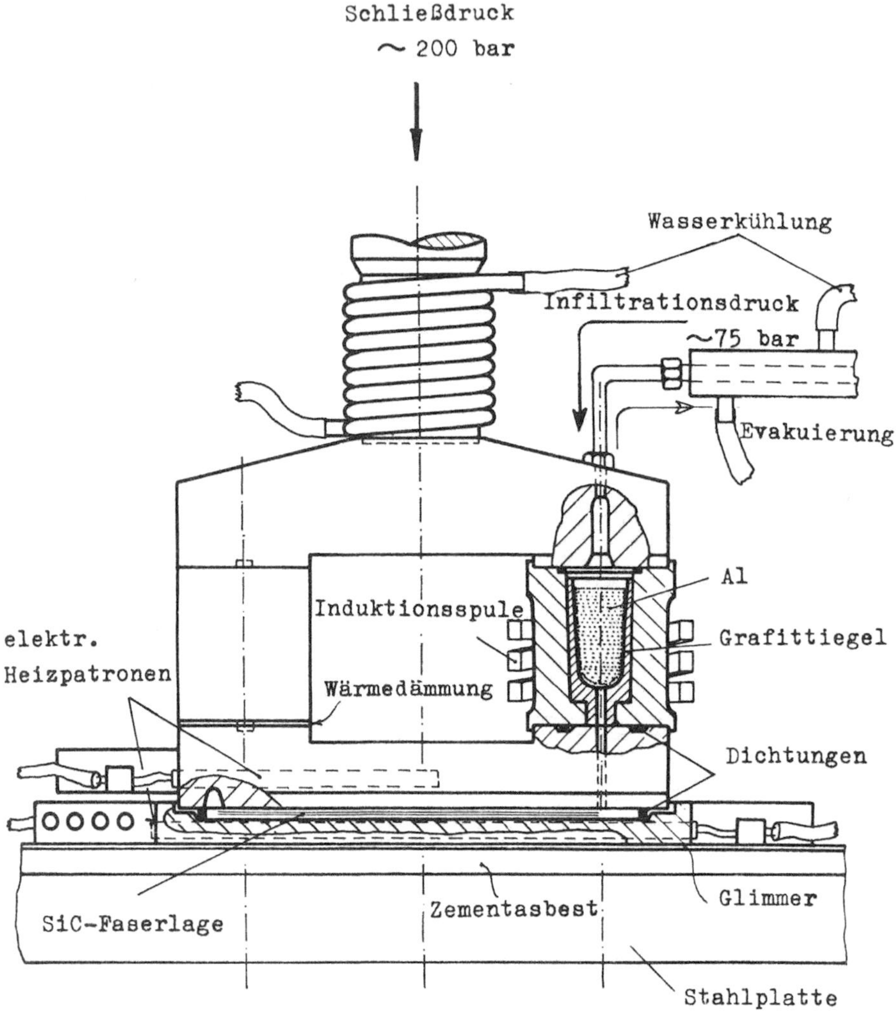

Bild 15

Hochdruck-Schmelzinfiltrationseinrichtung mit hydraulischer Schließkraft; Maßstab 1:3,33

Bild 17

Hochdruck-Schmelzinfiltrationsanlage; Gesamtansicht mit MF-Generator (links), Presse und Kokille (Mitte) sowie Vakuumpumpstand und Druckgasflasche (rechts)

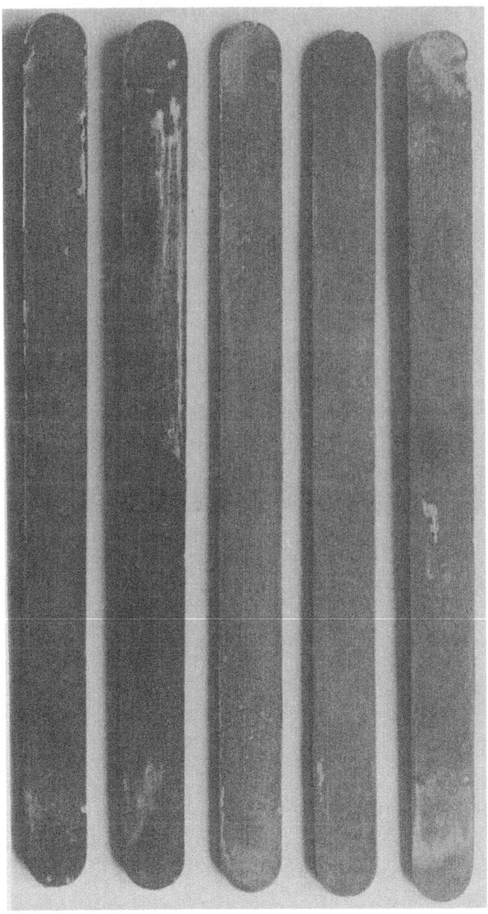

Bild 18

Serie mit 53 bis 66 Vol.-% SiC-Fasern durch Hochdruck-Schmelzinfiltration verstärkter Proben aus AlSi12; Gesamtlänge ca. 260 mm

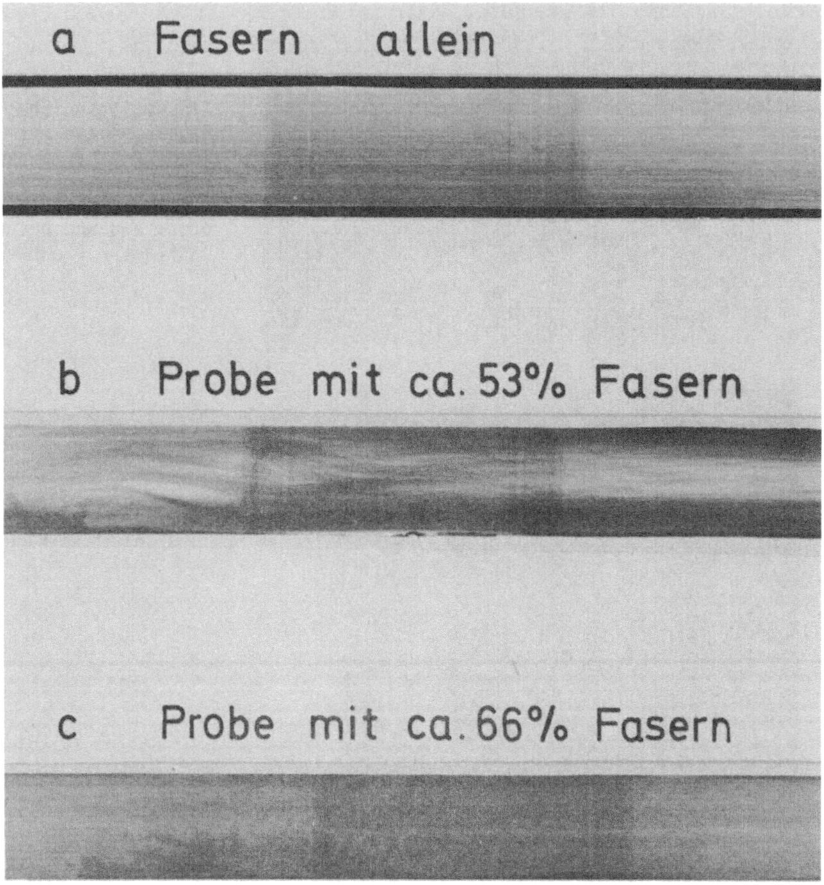

Bild 19

Röntgen-Durchstrahlung von Proben der Serie in Bild 18; natürliche Größe

Bild 20

Querschnitt durch eine faserverstärkte Probe der Serie in Bild 18; Faseranteil (SiC) ca. 65-70 %

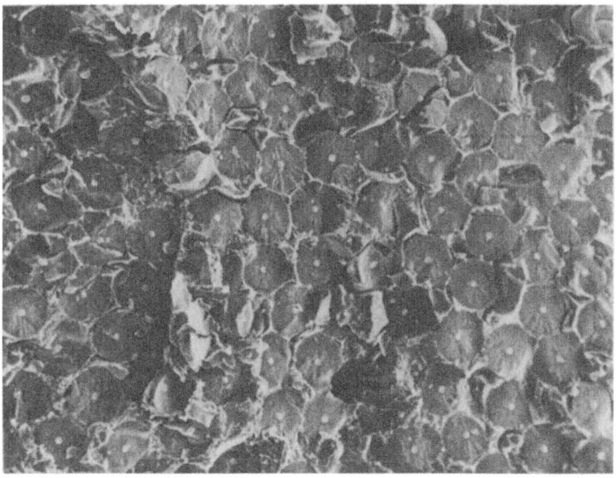

Bild 21

Faserverstärkte Probe der Serie in Bild 18 nach Biegebruchversuch; Querbruchfläche im Raster-Elektronenmikroskop

30 x

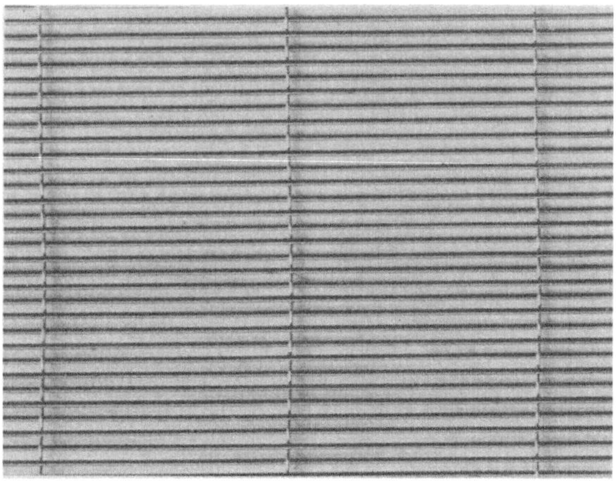

Bild 22

Fasergewebe mit SiC-Kettfäden (ca. 100 µm dick) und Al-Schußfäden (ca. 50 µm dick); freier Abstand der SiC-Fasern 150-200 µm

10 x

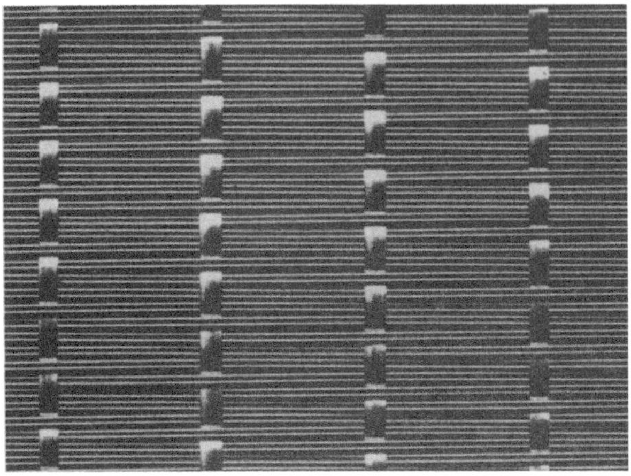

Bild 23

Fasergewebe mit SiC-Fasern (100 µm) als Schußfäden und Al-Drähten (400 x 50 µm²) als Kettfäden

10 x

(Bild 24 s. nächste Seite)

Bild 25

Heißpresse, offen, ohne Vakuummantel

ca. 5 : 1 verkleinert

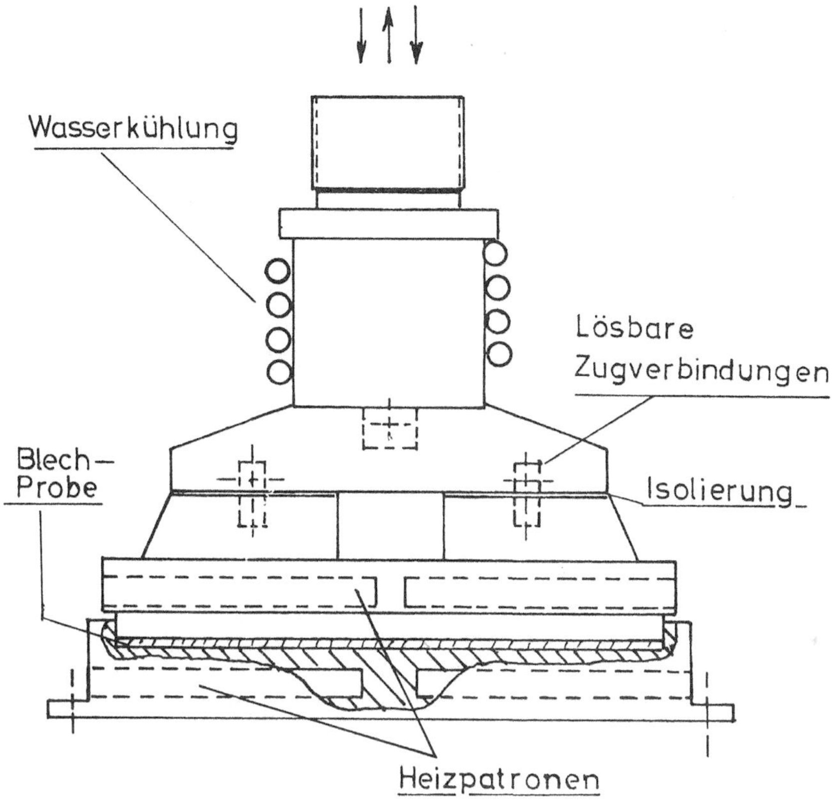

Bild 24

Heißpreßvorrichtung zur Herstellung faserverstärkter Blechproben
Maßstab 1 : 2

1) vor dem Pressen

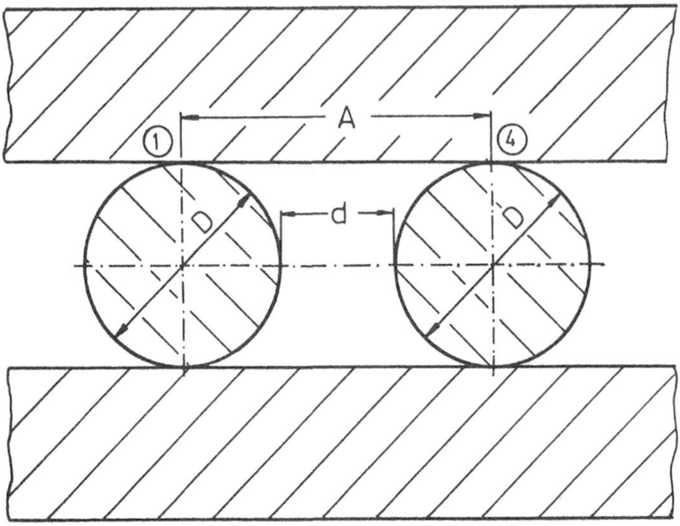

2) nach dem Pressen

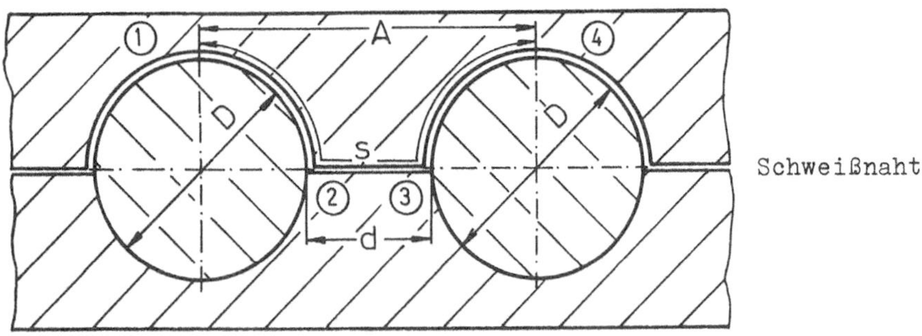

Bild 26

Umformung bei der Fasereinbringung durch Heißpressen: A→s

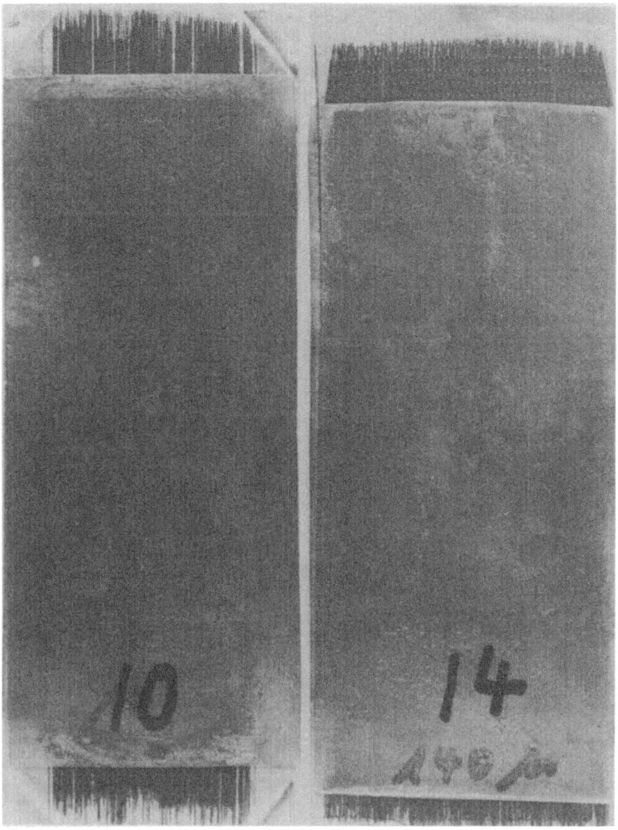

Bild 27

Heißgepreßte Proben mit SiC-Fasern und Al-Blechen; Probe 10: Einzelfaserlage Probe 14: Fasergewebe

ca. 1,3 : 1 verkleinert

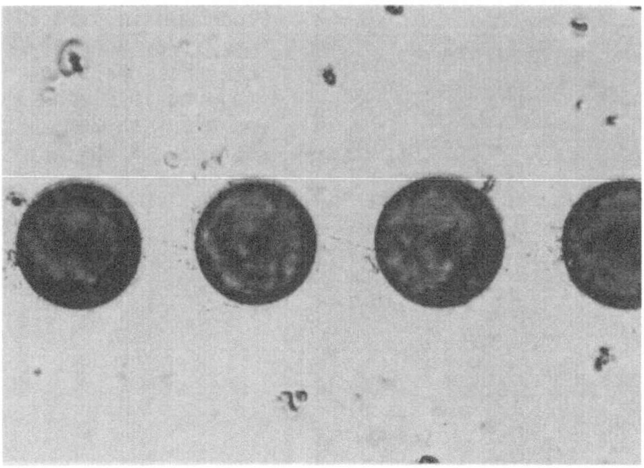

Bild 28

Heißgepreßte SiC-Fasern zwischen Al-Blechen; Preßdruck 40 N/mm² 15s bei 620°C; Querschliff

200 x

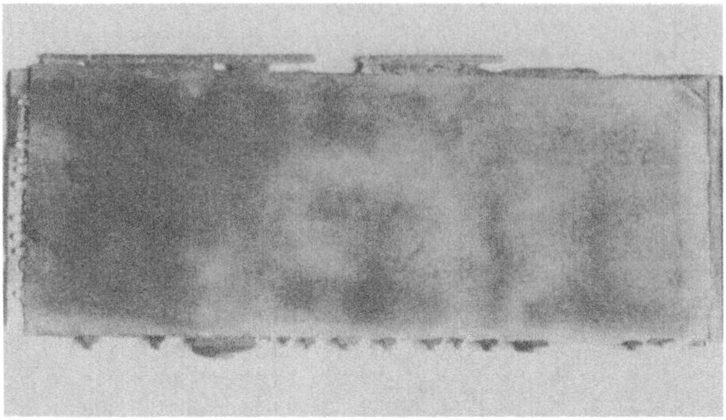

Bild 29

Heißgepreßtes Verbundblech aus SiC-Fasergewebe mit lotplattierten AlMn-Blechen, Lotüberschuß ausgepreßt

Originallänge 190 mm

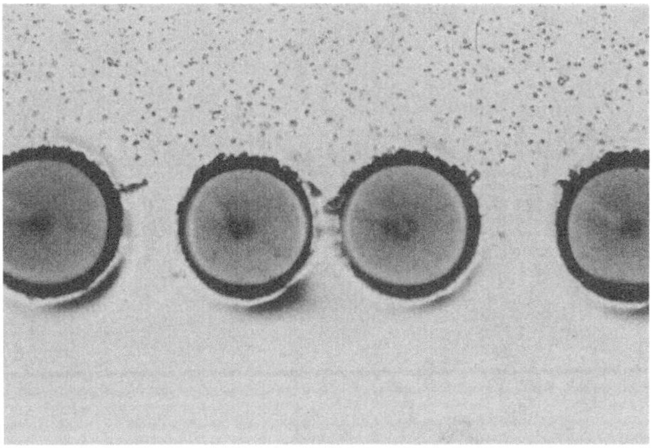

Bild 30

Heißgepreßtes Verbundblech aus SiC-Gewebe mit Al-Blech und lotplattiertem AlMn1-Blech (mit feinen Sekundärausscheidungen); Querschliff

200 x

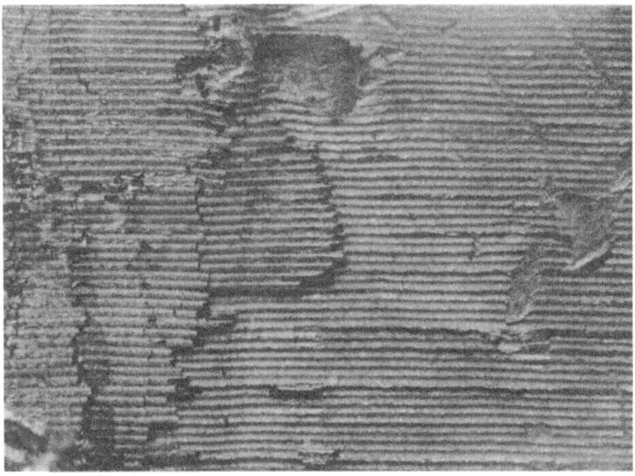

Bild 31

Probe wie in Bild 29; Abschälversuch bei guter Faserhaftung; Trennung im Blech und nicht an der Faseroberfläche

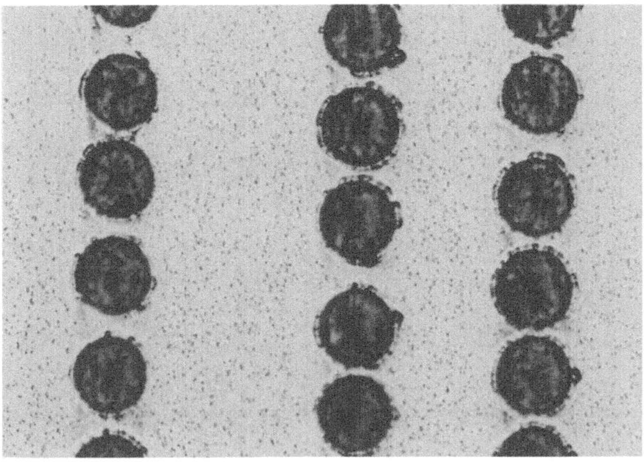

Bild 32

Dreilagig mit SiC-Gewebe verstärkte ein- bzw. beidseitig lotplattierte AlMn1-Bleche; Querschliff

100 x

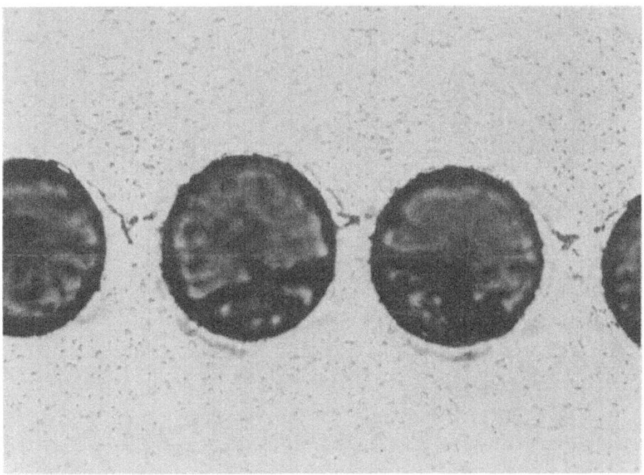

Bild 33

Heißgepreßte Probe mit SiC-Fasern und lotplattierten AlMn1-Blechen, Preßzustand; Reste von AlSi-Eutektikum (AlSi12) zwischen den Fasern; Querschliff

200 x

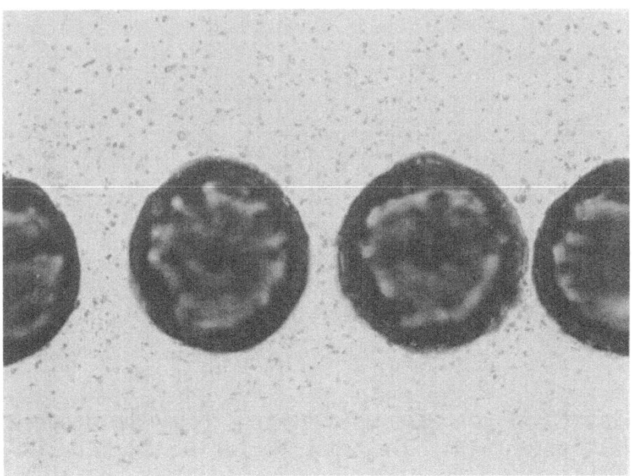

Bild 34

Probe wie in Bild 33; nachgetempert 4h bei 500°C, Rest-Eutektikum abgebaut; Querschliff

200 x

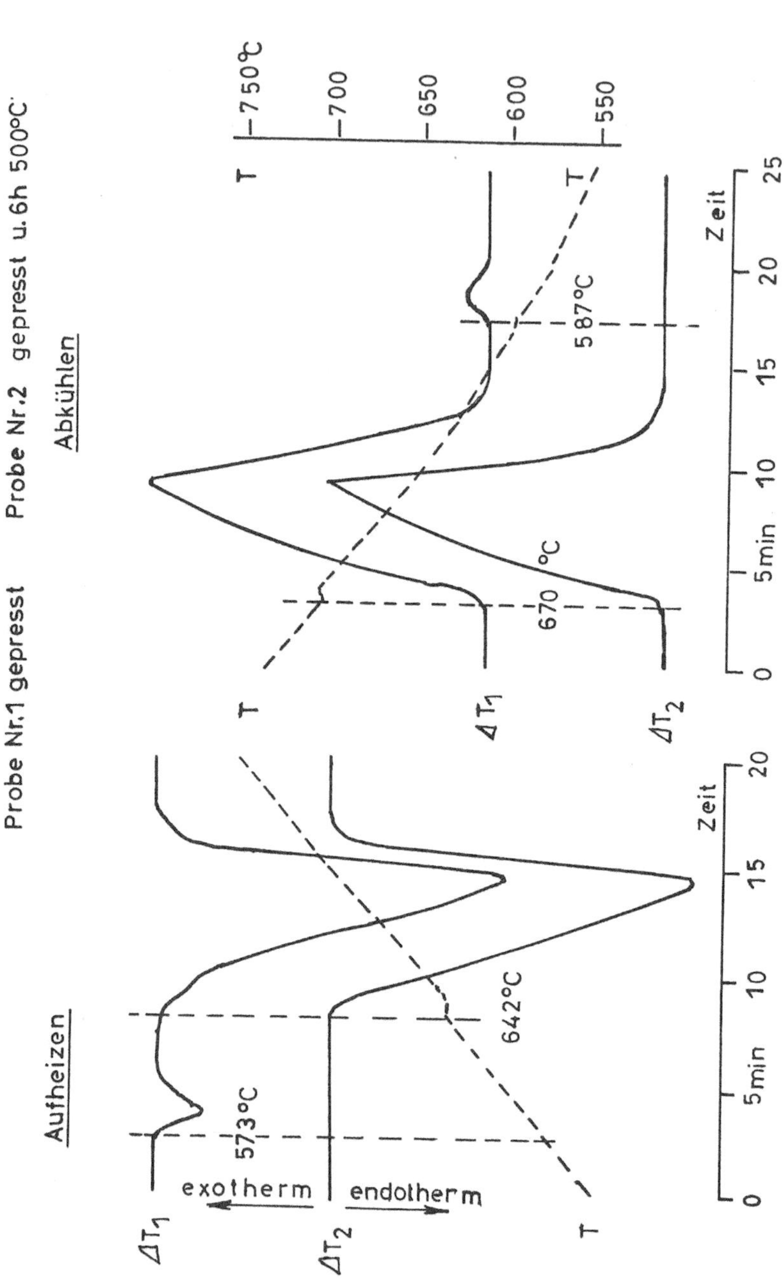

Bild 35

Differential-Thermo-Analyse (DTA) von faserverstärkten Proben heißgepreßt aus SiC-Gewebe und lotplattierten AlMn1-Blechen ohne (ΔT_1) und mit (ΔT_2) Nachtemperung 6 h bei 500°C

Herstellung und Eigenschaften faserverstärkter Verbundrohre

H. Federmann

Felten & Guilleaume Carlswerk AG, Köln

1. Einleitung

Die Untersuchungen an den faserverstärkten Verbundrohren hatten das Ziel, den Berstdruck, das Schwellverhalten und das Innendruck-Dehnungsverhalten unter verschiedenen Einflußparametern zu ermitteln.

Dabei sollte insbesondere der Einfluß der Versuchsparameter Fasermaterial und Lagenzahl auf das Belastungsverhalten der Verbundrohre ermittelt werden, um damit wichtige Informationen hinsichtlich der Einsatzmöglichkeiten und einer Optimierung konstruktiver Parameter zu erhalten.

Aufgabe der gleichzeitig eingesetzten Schallemissionsanalyse (SEA) war es, das Auftreten von Schädigungen festzustellen.

2. Aufbau der Verbundrohre

Im Wickelverfahren wurden Verbundrohre mit den Abmessungen 8o x 5 mm und 1oo x 5 mm hergestellt. Die Prüfkörper (Länge 47o mm) bestanden aus einem Aluminium-Kernrohr (Wanddicke 2 mm), das durch Umfangswicklungen verstärkt war (Abb. 1). Als Metalliner wurden die Legierungen AlMgSi o,5, AlMgSi 1 und AlZnMgCu 1,5 eingesetzt. Die Umfangswicklungen bestanden aus Epoxidharz-getränkten Stahldrähten (MFK), Glasfasern (GFK), Kohlenstoffasern (KFK) und Aramidfasern (CFK). Abb. 2 zeigt eine Auswahl der Prüfkörper. Bei den Al/MFK-Rohren (1oo x 5 mm) wurde als weiterer konstruktiver Parameter die Lagenzahl variiert. Die mechanischen und technologischen Eigenschaften der verwendeten Werkstoffe sind in Tabelle 1 zusammengestellt. Die Fasergehalte der Umfangswicklungen betrugen im Mittel für

- MFK φ = 6o %
- GFK φ = 64 %
- KFK φ = 54 %
- CFK φ = 48 %

3. Versuchsdurchführung

Die ausschließlich in Umfangsrichtung verlaufenden Wicklungen erfordern eine weitgehend längskraftfreie Prüfung. Aus diesem Grund wurden die Prüflinge an den Rohrenden mit losen Flanschen und radial angeordneten O-Ringen abgedichtet (Abb. 3). Einer der Flansche war als Druckanschluß ausgebildet, der andere diente als Durchführung für die Anschlußkabel der Innenmeßstreifen.

Zur Aufnahme der auf die Flansche wirkenden Axiallasten diente ein über den Prüfling geschobenes dickwandiges Rohr, in dem die Flansche abgestützt wurden. Abb. 4 zeigt die fertig montierte Prüfeinrichtung einschließlich der für die Schallemissionsmessung verwendeten Sonde.

Der Aufnehmer für die SEA war in der Mitte des Prüflings an der Außenseite angebracht. Durch Einschallen von künstlichen schmalen Rechteck-Impulsen mit einem elektronischen Schallgeber wurde die Qualität der Ankopplung geprüft und so gewährleistet, daß alle Versuche mit vergleichbarer Meßempfindlichkeit durchgeführt wurden.

Zur stufenweisen Druckaufbringung wurde eine 2ooo-bar-Innendruckanlage eingesetzt. Der mittlere Drucktransient betrug etwa 5o bar/min. Haltezeiten und Zwischenentlastungen richteten sich nach den Erfordernissen

Tabelle 1

Mechanische und technologische Eigenschaften der verwendeten Werkstoffe

Material	mittlere Zugfestigkeit N/mm^2	E-Modul $1o^4$ N/mm^2	Dichte g/cm^3	Faserdurchmesser μm
C-Stahldraht	26oo	2o,6	7,8	15o
E-Glasfaser	225o	7,4	2,5	1o
Kohlenstoffaser (HF)	26oo	23,o	1,8	7
Aramidfaser (Kevlar 49)	27oo	13,o	1,45	12
Epoxidharz	5o	o,3	1,2	
AlMgSi o,5	23o	7,1	2,7	
AlMgSi 1	31o	7,1	2,7	
AlZnMgCu 1,5	51o	7,1	2,7	

der SEA und der jeweiligen Fragestellung.

Zur Erfassung des Verformungsverhaltens wurden auf der Innen- und Außenseite der Verbundrohre die örtlichen Umfangs- und Längsdehnungen in Abhängigkeit vom Innendruck und (bei Zeitstandversuchen) von der Druckhaltezeit gemessen.

Zur Charakterisierung des Schallemissions-Verhaltens der Prüflinge wurden korrelativ mit dem Prüfdruck folgende Meßgrößen registriert:

- Impulssumme: Summe der Überschwingungen aller Signale über eine einstellbare Diskriminator-Schwelle
- Ereignissumme: Summe der Ereignisse, deren Signale die Diskriminator-Schwelle mindestens einmal überschreiten
- RMS-Wert: Effektiv-Wert der Signalspannung

Bezieht man die Impulssumme auf die Summe der gezählten Ereignisse, so erhält man eine abgeleitete Meßgröße, die die mittlere Impulszahl der Einzelereignisse beschreibt. Diese Größe, die für eine Drucksteigerungsstufe oder ein beliebiges Zeitintervall gebildet werden kann, stellt ein relatives Maß für die mittlere, pro SE-Ereignis freigesetzte Energie dar. Zur sicheren Bewertung der Meßergebnisse wurde zusätzlich das Abklingverhalten der SE-Aktivität - charakterisiert durch die zeitliche Änderung der Impulssumme - und der "Kaiser-Effekt" genutzt.

4. Versuchsergebnisse

4.1 Berstversuche

Die Verbundrohre, die bei der Druckprüfung axial entlastet waren, wurden einer stufenweise steigenden Innendruck-Belastung bis zum Bersten unterzogen (Abb. 5). In Tabelle 2 und in Abb. 6 sind die Ergebnisse der Berstversuche zusammengestellt. Bei gleicher Verbundkonstruktion (Wandstärke des Liners: 2 mm, Wandstärke der Umfangswicklung: 3 mm) und bei gleichem Faservolumenanteil (φ = o,6) besitzt das Al/MFK-Rohr den höchsten Berstdruck mit p_B = 143o bar.

Bei einmaliger Belastung des Verbundrohres im Berstversuch wird die Druckfestigkeit im wesentlichen von der Faserfestigkeit und der Faserqualität bestimmt. Der Innenliner hat allein Dichtfunktion gegenüber dem Druckmedium zu erfüllen.

Tabelle 2
Leistungsdaten der Verbundrohre (8o x 5 mm)

Verbundrohre	Berstdruck p_B(bar)	Leichtbaugütefaktor K (km)
Al/MFK	143o	1o,7
Al/CFK	122o	2o,9
Al/GFK	1o7o	14,8
Al/KFK	96o	15,7

Betrachtet man den Leichtbaugütefaktor K

$$K = p_B \cdot V/G \text{ (km)}$$

der das Füllvolumen V und das Gewicht G des Behälters bzw. Rohres berücksichtigt, so verschieben sich die Relationen.

Das stahldrahtverstärkte Rohr fällt aufgrund seines höheren Gewichtes hinter die übrigen Rohrversionen zurück.

Zur Bestimmung des Einflusses der Umfangswicklung auf den Berstdruck wurden Al/MFK-Rohre mit unterschiedlichen Lagenzahlen geprüft. Mit zunehmender Lagenzahl weicht die Kurve aufgrund des anisotropen Aufbaus der Umfangswicklung von der Geraden ab, d. h. der Berstdruckzuwachs verringert sich (Abb. 7).

4.2 Schwellversuche

In einer weiteren Versuchsreihe wurden die Schwellversuche an Al/MFK, Al/GFK und Al/KFK-Verbundrohren durchgeführt. Um den Einfluß des Linermaterials zu untersuchen, wurden verschiedene Al-Legierungen eingesetzt. Die obere Druckgrenze wurde so eingestellt, daß die maximale Dehnung bei allen Rohren mit Ausnahme des ersten Rohres (Al/MFK) nahezu gleich waren. Die Tabelle 3 gibt den Ergebnisüberblick. Hierbei ist festzustellen, daß die Umfangswicklung aus KFK bzw. MFK bezüglich oberer Druckgrenze und Lastspielzahl dem GFK überlegen ist.

Durch Veränderung des Linermaterials konnte die Lastspielzahl beim Al/MFK-Rohr beträchtlich gesteigert werden. Das Verbundrohr mit dem AlZnMgCu 1,5-Liner war nach 5oo ooo Lastspielen noch nicht beschädigt. Ein anschließender Berstversuch ergab einen Berstdruck von 152o bar.

Tabelle 3

Innendruck-Schwellversuche an Verbundrohren

Al-Rohr	Fasermaterial	Innendruckbelastung+) $\hat{p}$ (bar)	$\check{p}$ (bar)	Dehnung++) $\hat{\varepsilon}$ (%)	Fließgrenz-dehnung+++) ε (%)	ertragene Last-spielzahl n
AlMgSi o,5	Stahldraht	49o	2o	o,4137	o,29	213oo
AlMgSi 1	Stahldraht	52o	2o	o,3o7o	o,41	6226o
AlZnMgCu 1,5	Stahldraht	445	2o	o,312o	o,62	5ooooo
AlMgSi o,5	Glasfaser	27o	2o	o,3288	o,29	6954
AlMgSi o,5	Kohlenstoffaser	38o	2o	o,3372	o,29	364o5

+) Frequenz 26 LW/min

++) Dehnung des Al-Liners bei der oberen Druckgrenze $\hat{p}$

+++) Dehnung des Al-Liners bei der o,2-Grenze

Das unterschiedliche Schwellverhalten der Al/MFK-Rohre ist darauf zurückzuführen, daß die maximale Dehnung je nach Legierungstyp über oder unter der Fließgrenzdehnung+) lag. Die höchste Zyklenzahl wurde erreicht, wo die obere Dehngrenze $\hat{\varepsilon}$ die Hälfte der Fließgrenzdehnung betrug.

Andererseits kann der Liner lange Zeit über die Dehngrenze belastet werden, da die Umfangswicklung eine Stützfunktion ausübt.

Das Versagen ging bei allen Prüflingen von der Innenfaser des Liners aus. Wie fraktographische Untersuchungen ergaben, konnten auf der gesamten Rißfläche unterschiedlich große Bereiche festgestellt werden, in denen Korngrenzenbruch vorlag.

Die auf der Innenseite des Rohres festgestellten Risse lassen darauf schließen, daß die infolge der Prüfdrücke verursachten Dehnungen, die weit oberhalb der Fließgrenze lagen, zu Werkstoffzerrüttungen geführt haben (Abb. 8).

4.3 Dehnungsverhalten

Ein direkter Vergleich der Dehnungsverläufe der 4 Werkstoff-Varianten ist trotz gleicher Abmessungen der Prüflinge (8o x 5 mm) aufgrund der unterschiedlichen Fasergehalte und E-Moduln nicht möglich. Durch Umrechnung lassen sich jedoch - unter Zugrundelegung der Kennwerte und Fasergehalte des MFK-Verbundrohres als Bezugsgröße - die gemessenen Dehnungen der GFK, KFK und CFK-Verbundrohre auf eine gemeinsame Vergleichsbasis bringen entsprechend der Beziehung

$$\varepsilon' = \varepsilon \frac{\varphi \cdot E}{\varphi_{St} \cdot E_{St}}$$

Die so umgerechneten und in Abb. 9 dargestellten Dehnungsverläufe zeigen eine gute Übereinstimmung, sieht man beim KFK-Verbundrohr von Abweichungen im Druckbereich unterhalb 5o bar ab. Einen Hinweis auf das Überschreiten des quasi-elastischen Dehnungs-Bereiches der Verbundrohre geben die Knickpunkte der Dehnungsverläufe, deren Lage von Faserwerkstoff zu Faserwerkstoff unterschiedlich ist.

In Abb. lo sind die in Abb. 9 bereits gezeigten Dehnungsverläufe in einer normierten Darstellung aufgetragen. Um die Gemeinsamkeit besser veranschaulichen zu können, wurden die Kurven parallel zur Abszisse verschoben. Die im Bereich niedriger Druckverhältnisse zu beobachtenden

+) Dehnung bei der o,2-Grenze

Nichtlinearitäten wurden dabei als (wahrscheinlich) untypisches Bauteilverhalten außer Betracht gelassen. Das Ergebnis ist in Abb. 11 dargestellt. Wie man sieht, haben alle Kurven unabhängig vom Faserwerkstoff die gleiche Anstiegsgerade. Auch der 2. Ast der Dehnungsverläufe ist für alle Werkstoffe nahezu parallel. Es ist daher zu vermuten, daß sich das Bauteilverhalten aller Rohre durch geeignete Wahl der Parameter mit einer einzigen Kurve beschreiben läßt. Die vorliegenden Versuchsergebnisse reichen dazu jedoch noch nicht aus.

Für die Koordinaten der Knickpunkte ergeben sich nach Abb. 11 die in folgender Tabelle zusammengestellten Werte.

Tabelle 4
Koordinaten der Knickpunkte

Faser	$\varepsilon/\hat{\varepsilon}$	$p \cdot \varphi / p_B$	$\triangleq$	p/p_B
Stahldraht	o,4	o,29		o,48
Glasfaser	o,29	o,21		o,33
Kohlenstoffaser	o,22	o,25		o,28
Kevlarfaser	o,15	o,11		o,23

$\hat{\varepsilon}$ = maximale Dehnung vor dem Bersten gemessen.

Eine Aussage über das Dehnungsverhalten der mit unterschiedlicher Lagenzahl ausgeführten MFK-Verbundrohre (1oo x 5 mm) gibt das in Abb. 12 in normierter Darstellung aufgetragene Dehnungsverhältnis $\varepsilon/\hat{\varepsilon} = f(p/p_B)$. Mit Ausnahme des 5-Lagen-Rohres, bei dem offenbar die typischen Eigenschaften dieser Verbundkonstruktion noch nicht voll ausgeprägt sind, liegen alle Knickpunkte innerhalb des Streubandes $\varepsilon/\hat{\varepsilon} = 37 \pm 3$ %. Diesem Dehnungsbereich ist ein Druckverhältnis von $p/p_B \approx 48$ % zugeordnet, das sich auch in den Ergebnissen der SE-Messung wiederspiegelt.

In Abb. 13 ist der plastische Dehnungsverlauf für ein 24-Lagen-MFK-Verbundrohr dargestellt. Es ist zu erkennen, daß bei einem Innendruck von p = 8oo bar (Knickpunkt a) der Halt des Kernrohres durch die Bandage abnimmt und wie sich ab 1o5o bar (Knickpunkt b) die Stützwirkung deutlich vermindert. Dies bestätigt die Vermutung der SEA, daß im Bereich von 6o bis 75 % des Berstdruckes Setzerscheinungen im Verbund auftreten.

4.4 Schallemissionsanalyse

4.4.1 Varianten der Lagenzahl

An den Al/MFK-Rohren mit unterschiedlicher Lagenzahl wurden Schallemissionsanalysen durchgeführt. Abb. 14 zeigt die Impulssummen-Kurven der 4 Prüfkörper mit 5, 15, 2o und 25 Stahldraht-Wicklungen in einer normierten Darstellung. Diese ergibt sich, wenn die jeweils bis zu einer Druckstufe aufgelaufene Impulssumme auf die bis zum Bersten registrierte Gesamt-Impulssumme und der Druck p auf den Berstdruck p_B bezogen wird. Zumindest die 15-, 2o und 25-Lagen-Rohre lassen sich durch eine gemeinsame, S-förmige Kurve mit einem Streuband geringerer Breite anpassen. Lediglich das 5-Lagen-Rohr zeigt einen etwas abweichenden Verlauf. Dies läßt die Annahme zu, daß die typischen Eigenschaften eines Stahldraht-Verbundrohres bei einer 5-Lagen-Wicklung noch nicht voll ausgebildet sind. Bei größeren Wicklungszahlen scheint jedoch ein für derartige Systeme charakteristisches Bauteilverhalten vorzuliegen.

Bei niedriger spezifischer Belastung zeigt die normierte Schallemissions-Summe einen weitgehend linearen Verlauf, der erst bei p/p_B = o,48 in den S-förmigen Verlauf übergeht. Bei dem gleichen p/p_B-Wert tritt bei den normierten Dehnungskurven das Abknicken von der Linerarität auf (Abb. 12).

Ein besonderes Merkmal der normierten Kurve ist ihr Wendepunkt bei $p/p_B \approx$ o,68 . Wie Abb. 15 zeigt, tritt in diesem Bereich - wie erwartet - die maximale Zunahme der SE-Aktivität auf. Alle 4 Verbundrohre besitzen ein absolutes Maximum in einem engen Streubereich zwischen 65 und 69 % des Berstdruckes. Nimmt man den Reziprok-Wert der Streubereichsmitte

$$(p/p_B = \frac{1}{o{,}67} = 1{,}49),$$

ergibt sich daraus ein von der Lagenzahl unabhängiger für Stahldraht-Verbundrohre spezifischer Faktor, mit dem sich der Berstdruck vorausberechnen läßt, wenn die Lage des SE-Maximums bekannt ist.

Die nachträgliche Anwendung dieses Kriteriums auf 2 bereits vorher geborstene Stahldraht-Verbundrohre mit 26 Lagen und 7o bzw. 8o mm Innendurchmesser lieferte eine maximale Abweichung zwischen den vorausberechneten und tatsächlichen Berstdrücken von nur 3 %. Die Frage, ob das SE-Maximum durch eine Vorschädigung des Bauteils verursacht wird, ließ sich auch mit Hilfe der übrigen Meßgrößen zunächst nicht eindeutig beantworten. Daher wurde die SE-Aktivität in den Druckhaltephasen ermittelt. Zum Vergleich ist die zeitliche Abnahme der SE-Aktivität bei 1ooo, 12oo und 14oo bar in linearem Maßstab dargestellt (Abb. 16). Die SE-Aktivität klingt bis 11oo bar (p/p_B = o,76) monoton ab, darüber wird ein diskontinuierliches Verhalten beobachtet. Zusätzliche Informationen liefern die Wiederholungsbelastungen (Abb. 17, rechte Hälfte). Es zeigt sich, daß bis 11oo bar der Kaiser-Effekt noch vollständig erfüllt ist. Diese Befunde lassen erkennen, daß kritische Schädigungen - wie Drahtbrüche - im Bereich des SE-Maximums bei zwei Dritteln des Berstdruckes ausgeschlossen werden können. Für die Schallemission in diesem Bereich kommen Setzerscheinungen als Ursache in Frage, die die Festigkeit des Bauteils nicht beeinträchtigen. Dafür spricht auch die Tatsache, daß der Prüfling Nr. 17, der mehr als 27 h oberhalb von 1ooo bar behalten wurde, trotzdem mit 145o bar den zweithöchsten Berstdruck aller bisher untersuchten Prüflinge aufweist. Das Auftreten des SE-Maximums ist durch eine von innen nach außen fortschreitende Abstützung aufeinanderfolgender Drahtlagen infolge der vom Kernrohr ausgehenden Beanspruchbarkeit erklärbar.

Aufgrund der vorliegenden Ergebnisse ist eine rasche, stufenweise steigende Belastung bis 7o % des Berstdruckes mit einminütigen Haltezeiten zum Aufsuchen des SE-Maximums unbedenklich. Es ist möglich, mit Hilfe der SEA den Berstdruck von stahldrahtverstärkten Aluminium-Rohren vorauszusagen, ohne daß durch die erforderliche Belastung des Bauteils für die Festigkeit relevante Schädigungen des Verbundwerkstoffs zu befürchten sind.

4.4.2 Variation des Fasermaterials

Bei der SEA der verschiedenen Fasermaterialien lassen sich im wesentlichen folgende Unterschiede feststellen:

- Während das stahldrahtverstärkte Rohr noch nach einer Vorbelastung bis 76 % Berstdruck einen vollständigen Kaiser-Effekt zeigt, setzt beim glasfaserverstärkten nach der gleichen spezifischen Vorbelastung die Emissions-Aktivität wesentlich früher ein (Abb. 17).

Die spezifischen Belastungen, bei denen der Kaiser-Effekt noch vollständig erfüllt ist, zeigen einen aufsteigenden Trend mit der Reihenfolge GFK, CFK, KFK, MFK (Tabelle 5), d. h. die Grenze der Faserschädigung p_k liegt bei MFK beträchtlich über der der anderen Verbundwerkstoffe.

- Das Emissionsvermögen der einzelnen Verbundrohre ist sehr unterschiedlich über die spezifische Beanspruchung verteilt. Die Glasfasern zeigen bei Annäherung an den Berstdruck einen deutlich progressiven Verlauf (Abb. 18). Ähnlich - jedoch in abgeschwächter Form - verhalten sich die Aramidfasern, während Stahldrähte und Kohlenstoffasern über den gesamten Druckbereich ein gleichmäßiges Emissionsvermögen zeigen.

5. Bauteilberechnung

Unter der Annahme leistungsgleicher Verbundrohre wurde die Wanddicke und das Gewicht beim Einsatz der verschiedenen Fasermaterialien ermittelt. Um ein frühzeitiges Werkstoffversagen zu vermeiden, darf bei vorwiegend ruhender Druckbeanspruchung der Innenliner maximal bis zur Dehngrenze belastet werden. Die von der Aluminiumschicht und der Umfangswicklung aufgenommenen Druckanteile addieren sich im Sinne einer Parallelschaltung zum vorhandenen Innendruck:

$$p = p_1 + p_2 \tag{1}$$

Index 1 gilt für den Innenliner
Index 2 gilt für die Umfangswicklung

Aus der Kesselgleichung wird der vom Innenliner aufgenommene Druckanteil bestimmt:

$$p_1 = \frac{20 \cdot \sigma_{0,2} \cdot s_1}{S \cdot d} \tag{2}$$

mit $\sigma_{0,2}$ = Dehngrenze des Innenliners
s_1 = Wanddicke des Innenliners
S = Sicherheitsfaktor
d = Innendurchmesser des Innenliners

Die Druckanteile im Innenliner und in der Umfangswicklung berechnen sich wie folgt:

$$\frac{p_1}{p_2} = \frac{s_1 \cdot E_1}{s_2 \cdot E_2} \tag{3}$$

Tabelle 5

Kaiser-Effekt bei verschiedenen Fasermaterialien

Verbundrohr	p_K bar	p_B bar	$\frac{p_K}{p_B}$
Al/MFK	1100	1450	0,76
Al/GFK	400	1063	0,38
Al/KFK	500	740	0,68
Al/CFK	500	1090	0,46

p_K: Kaiser-Effekt noch vollständig erfüllt (keine Faserschädigung)

p_B: Berstdruck

Aus den Gleichungen (1), (2) und (3) erhält man für die Wanddicke der Umfangswicklung

$$s_2 = \frac{p - p_1}{p_1} \cdot \frac{s_1 \cdot E_1}{E_2} \qquad (4)$$

Setzt man für $E_2 = \varphi \cdot E_F$

mit φ = Faservolumenanteil

E_F = E-Modul des Fasermaterials so folgt:

$$s_2 = \frac{p - p_1}{p_1} \cdot \frac{s_1 \cdot E_1}{\varphi \cdot E_F} \qquad (5)$$

Zur Berechnung der Wanddicken beim Einsatz von verschiedenen Fasermaterialien wurden folgende Daten in die Gleichung (5) eingesetzt:

Arbeitsdruck	p	=	3oo bar
Dehngrenze	$\sigma_{o,2}$	=	29o N/mm^2
Innendurchmesser	d	=	7o mm
Wanddicke	s_1	=	2 mm
Faservolumenanteil	φ	=	o,6
Sicherheitsfaktor	S	=	2

Mit diesen Daten ergeben sich für die verschiedenen Verbundrohre folgende Wanddicken und Gewichte:

Tabelle 6

Wanddicken und Gewichte verschiedener leistungsgleicher Zylinderrohre

Rohrwerkstoff	E_F 10^4 N/mm^2	Wanddicken s_2 mm	s mm	Gewicht kp/m
Al/MFK	2o,6	2,9	4,9	4,8
Al/GFK	7,4	8,3	1o,3	5,3
Al/KFK	23,o	2,7	4,7	2,2
Al/CFK	13,o	4,7	6,7	2,7
Stahl ST 5o	2o,6	-	5,8	1o,8
Aluminium (AlMgSi 1)	7,o	-	7,2	4,7

Aus der Tabelle 6 geht hervor, daß das Gewicht eines Stahlzylinders (1o,8 kp/m) durch Aluminium auf ca. die Hälfte reduziert werden kann. Die Verbundrohre Al/MFK und Al/GFK würden gegenüber Aluminium keine Gewichtsvorteile bringen. Hingegen Al/KFK und Al/CFK verringern das Gewicht des Al-Zylinders um weitere 5o %, d. h. beide Verbundversionen sind für die Leichtbauweise besonders geeignet.

6. Zusammenfassende Bewertung

Die Bauteilberechnung von leistungsgleichen Zylinderrohren bei vorwiegend ruhender Druckbelastung hat gezeigt, daß alle untersuchten Verbundrohrversionen (Al/MFK, Al/GFK, Al/KFK, Al/CFK) erhebliche Gewichtsvorteile gegenüber Stahlzylindern besitzen. Am leichtesten sind Al/KFK- und Al/CFK-Rohre, die nur halb so schwer wie Aluminiumzylinder sind.

Im Berstversuch, d. h. bei momentaner Druckbeanspruchung an baugleichen Verbundrohren (8o x 5 mm) erreicht das Al/MFK-Rohr den höchsten Wert mit 143o bar. Werden die Berstdrücke in Relation zum Bauteilgewicht und dem Füllvolumen gesetzt, sind die Al/CFK- und Al/KFK-Rohre den übrigen Verbundrohren überlegen.

Die Innendruck-Schwellversuche an Al/MFK-, Al/GFK- und Al/CFK-Verbundrohren (1oo x 5 mm) zeigen, daß bei Belastungen bis maximal 49o bar (Al/MFK) Dehnungen im Aluminiumliner entstehen, die weit oberhalb der im einachsigen Zugversuch ermittelten Fließgrenzendehnung liegen. Durch die Stützwirkung der Wicklung wird dem Kernrohr ein quasi-elastisches Dehnungsverhalten aufgezwungen. Dieses führt bei dynamischer Beanspruchung zu einer Zerrüttung des Aluminiumwerkstoffs.

Diese Werkstoffzerrüttung kann durch Verminderung der oberen Dehngrenze oder durch Erhöhung der Fließgrenzendehnung vermieden werden. Durch Einsatz von z. B. AlZnMgCu 1,5 können selbst bei Schwelldrücken von 2o/445 bar Lastspielzahlen von über 5oo ooo erreicht werden.

Die beiden eingesetzten Meßverfahren - lokal erfaßtes Dehnungsverhalten und integral registrierte Schallemission - beschreiben das Bauteilverhalten aufgrund ihrer gänzlich verschiedenen physikalischen Prinzipien in unterschiedlicher Weise. Dennoch sind bemerkenswerte Gemeinsamkeiten festzustellen. Dies gilt insbesondere für die Al/MFK-Verbundrohre, von denen die meisten Versuchsergebnisse vorliegen.

Aufgrund verschiedener SEA-Ergebnisse wurde das für MFK-Rohre typische Maximum der SE-Aktivität bei $p \approx 0{,}67 \cdot p_B$ auf Setzerscheinungen im Verbund zurückgeführt. Eine Bestätigung dieser Aussage ergibt sich anhand folgender Befunde:

- Sowohl die normierten Verläufe der Dehnung wie der Schallemissionssumme zeigen über der spezifischen Beanspruchung bei $p/p_B = 0{,}48$ ein Abknicken von der Linearität.
- Ab $p \approx 0{,}6 \cdot p_B$ kommt es nach konstantem Verlauf zu einem zunächst linearen Ansteigen der plastischen Umfangsdehnung an der Innenseite, während sie an der Außenseite bis $p \approx 0{,}75\ p_B$ konstant bleibt.

Damit ist auch sichergestellt, daß eine stufenweise steigende Belastung bis 7o % des Berstdruckes mit einminütigen Haltezeiten zum Aufsuchen des SE-Maximums unbedenklich ist. Es ist also möglich, mit Hilfe der SEA den Berstdruck von MFK-Verbundrohren vorauszuberechnen, ohne daß durch die erforderliche Belastung des Bauteils für die Festigkeit relevante Schädigungen zu befürchten sind. Demnach erscheint für Al/MFK-Rohre der geprüften Art bei erhöhten Sicherheitsanforderungen eine Qualitätssicherung mit Hilfe der SEA möglich.

Die Schallemissionsanalyse an den verschiedenen Fasermaterialien hat gezeigt, daß die Grenze der Faserschädigung bei MFK und KFK am höchsten liegt. Die SE-Aktivitäten bei CFK und GFK zeigen bei Annäherung an den Berstdruck einen deutlich progressiven Verlauf, d. h. beide Verbundsysteme lassen die Eigenschaften eines momentanfesten, aber weniger dauerfesten Werkstoffs erkennen.

Diese Untersuchungen wurden vom Technischen Überwachungsverein, Köln durchgeführt.

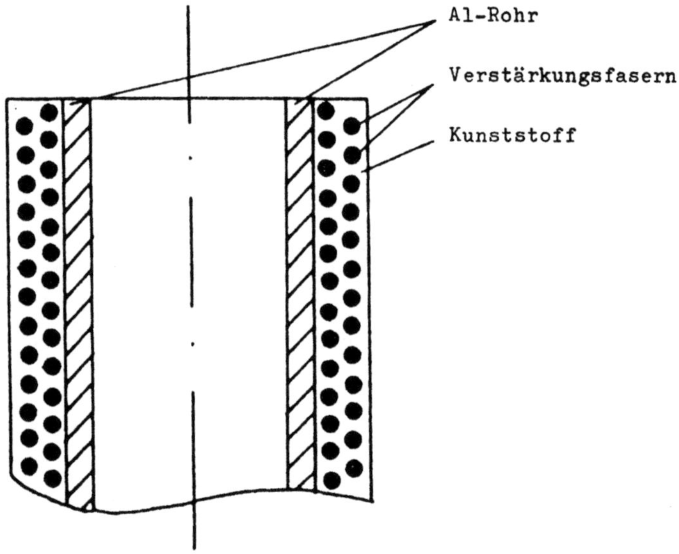

Abb. 1 Schematischer Aufbau eines faserverstärkten Aluminiumrohres für Innendruckbelastungen

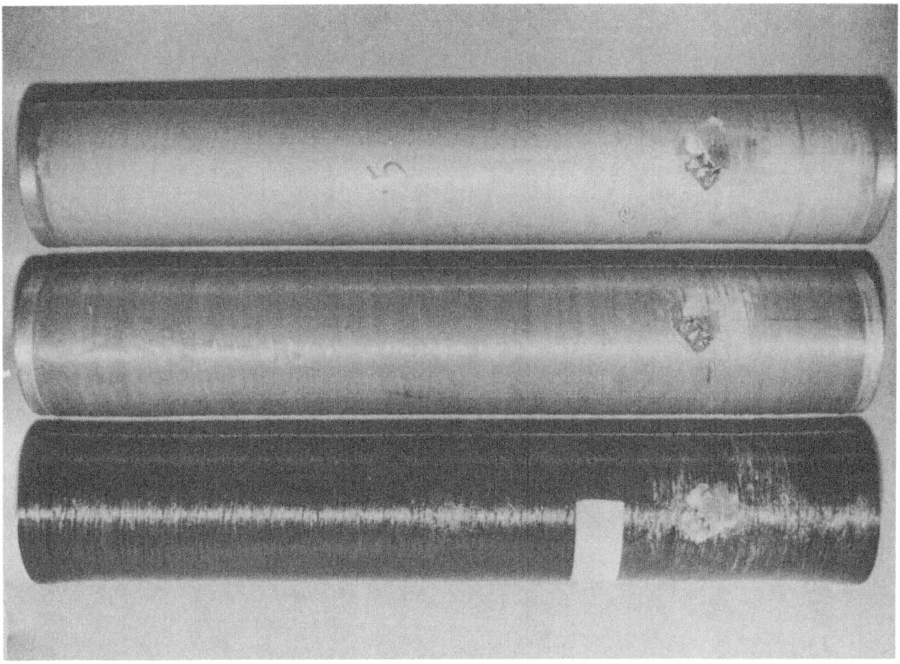

Abb. 2 Faserverstärkte Aluminiumrohre
(von oben nach unten: Al/MFK, Al/GFK, Al/KFK)

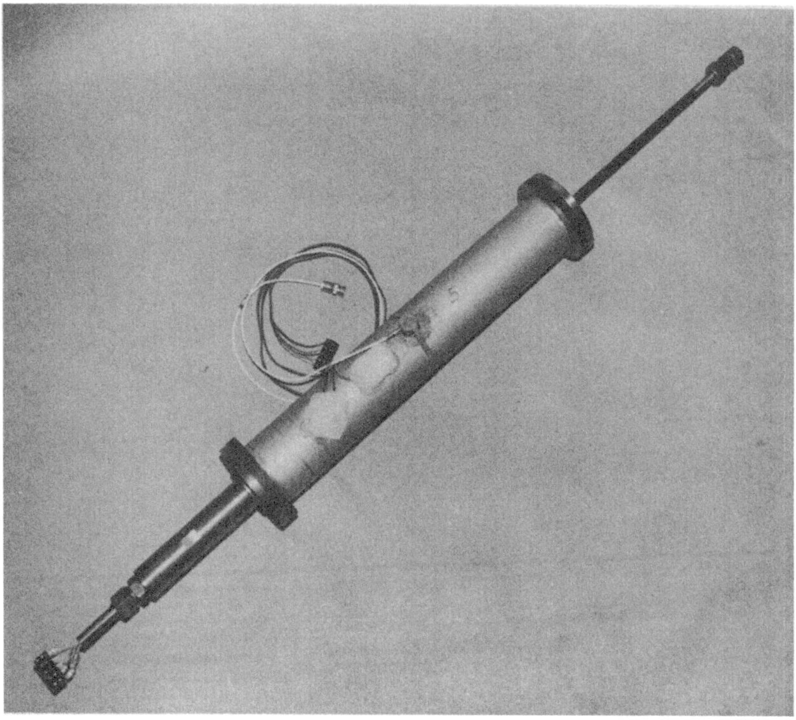

Abb. 3 Prüfling mit losen Flanschen, Dehnungsmeßstreifen und einer Sonde zur Schallemissionsmessung (Außenrohr entfernt)

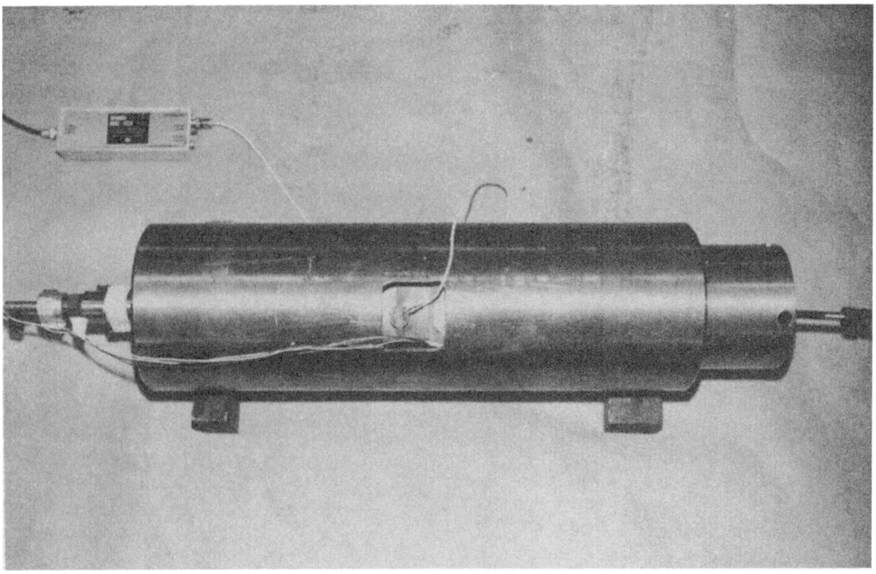

Abb. 4 Gesamtansicht der Prüfeinrichtung

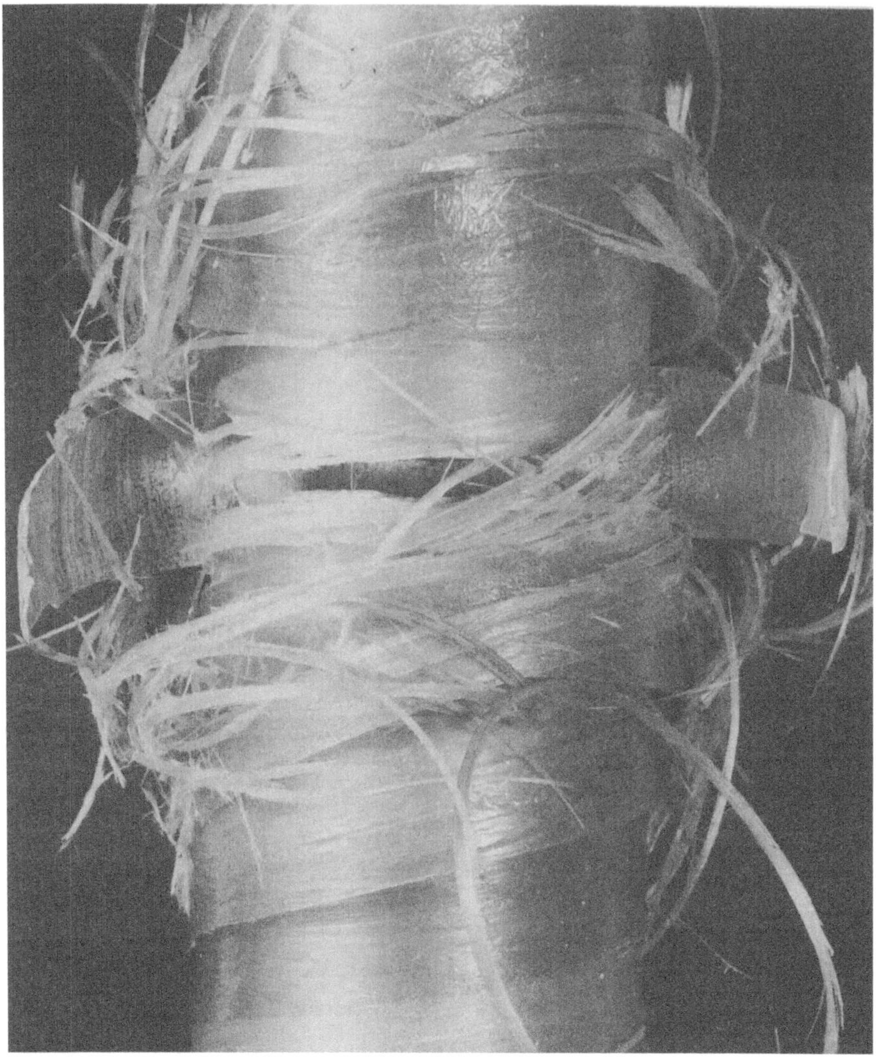

Abb. 5 Glasfaserverstärktes Aluminiumrohr
Berstdruck 114o bar

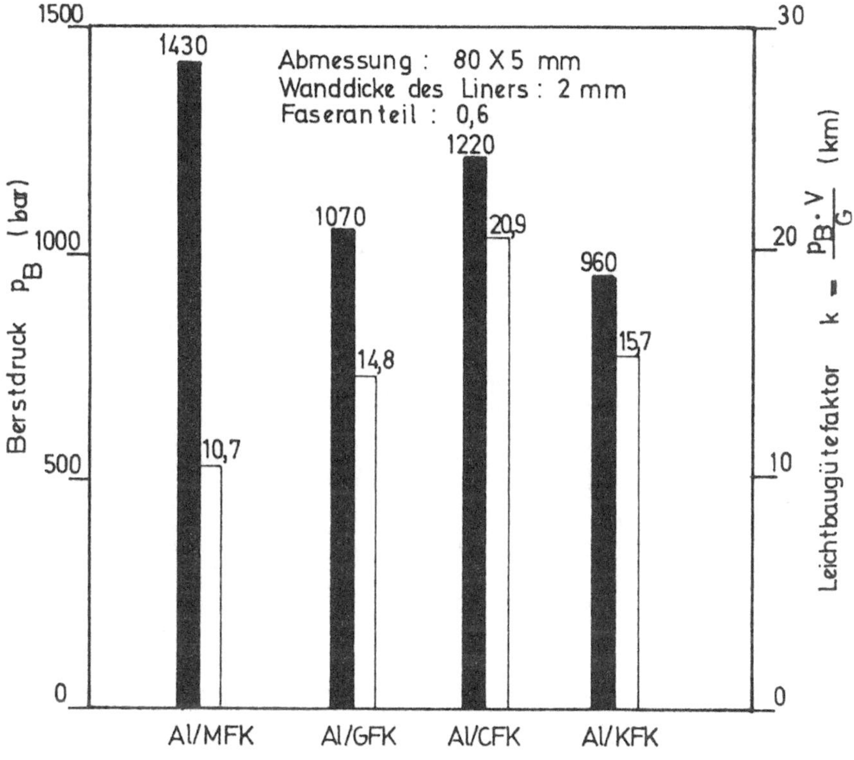

Abb. 6 Berstdruck und K-Faktor verschiedener faserverstärkter Aluminiumrohre

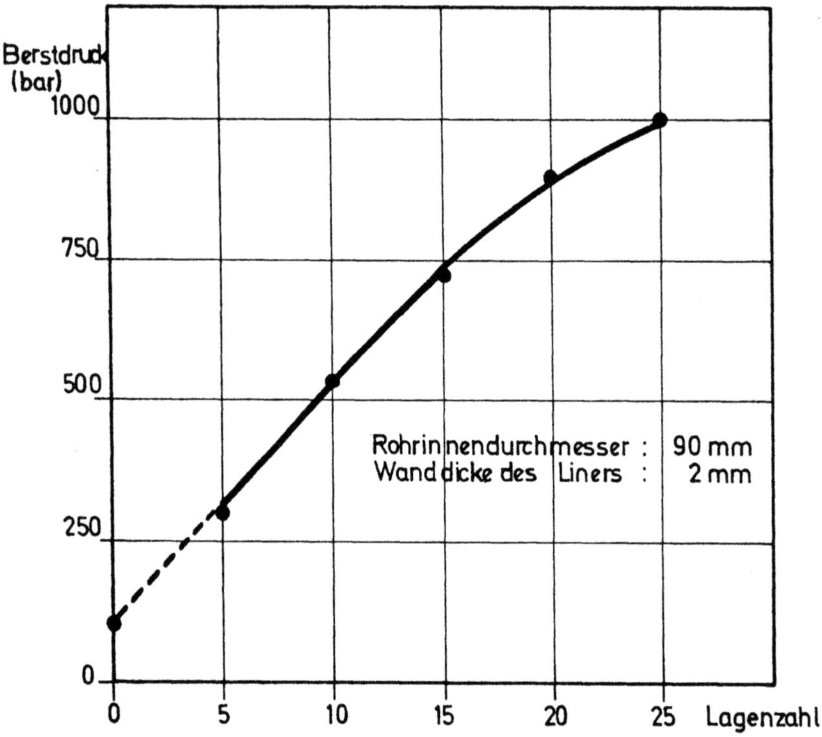

Abb. 7 Berstdruck stahldrahtverstärkter Aluminiumrohre in Abhängigkeit von der Lagenzahl

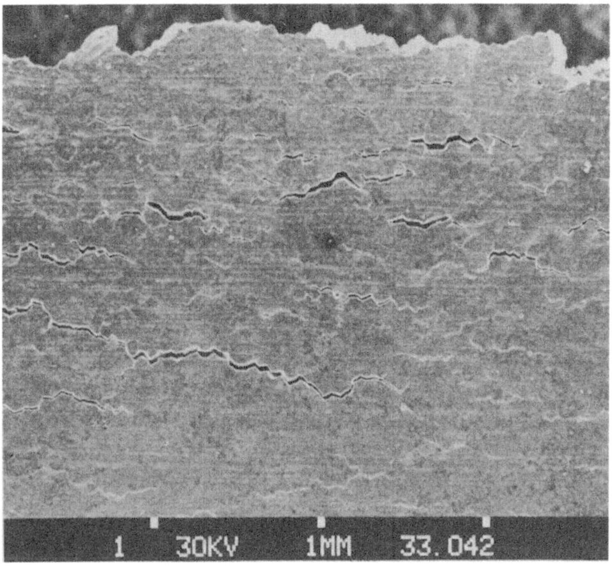

Abb. 8 Anrisse im Aluminiumliner

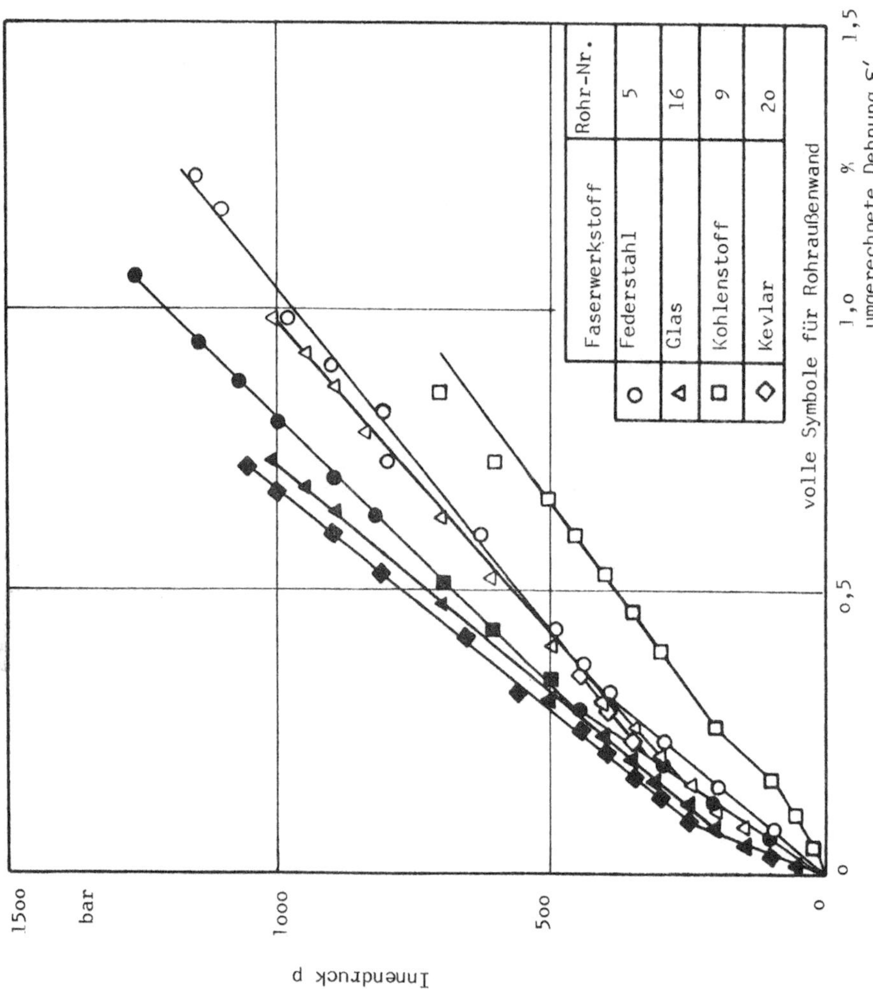

Abb. 9 Umgerechnete Umfangsdehnungsverläufe der 4 Verbundrohrvarianten

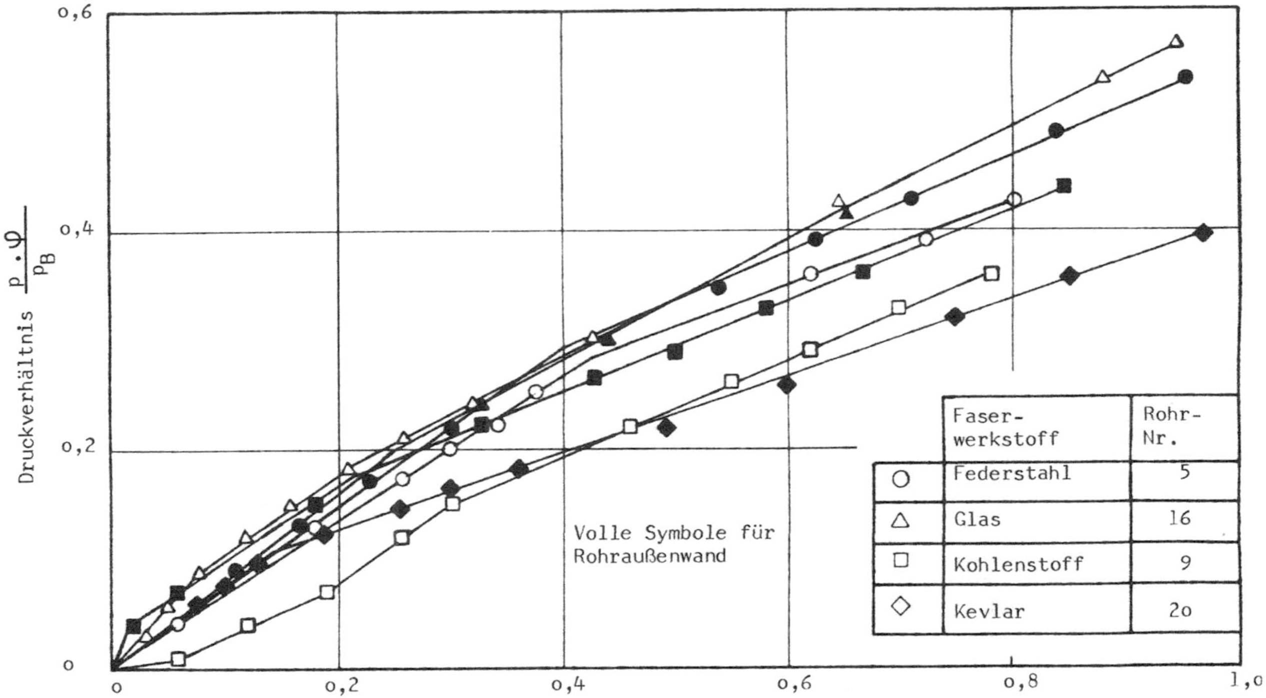

Abb. 1o Dehnungsverhältnis $\varepsilon/\hat{\varepsilon}$ als Funktion des Druckverhältnisses p/p_B unter Berücksichtigung des Fasergehaltes

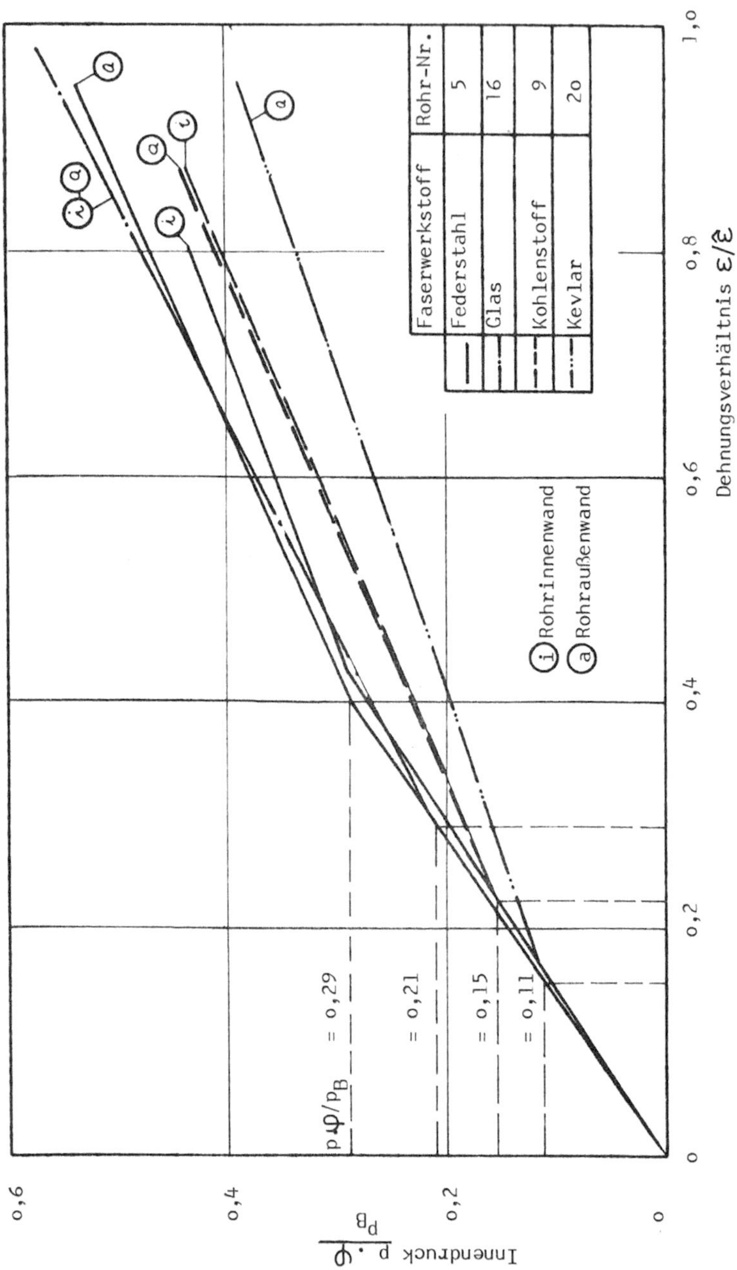

Abb.11 Dehnungsverläufe in normierter Darstellung

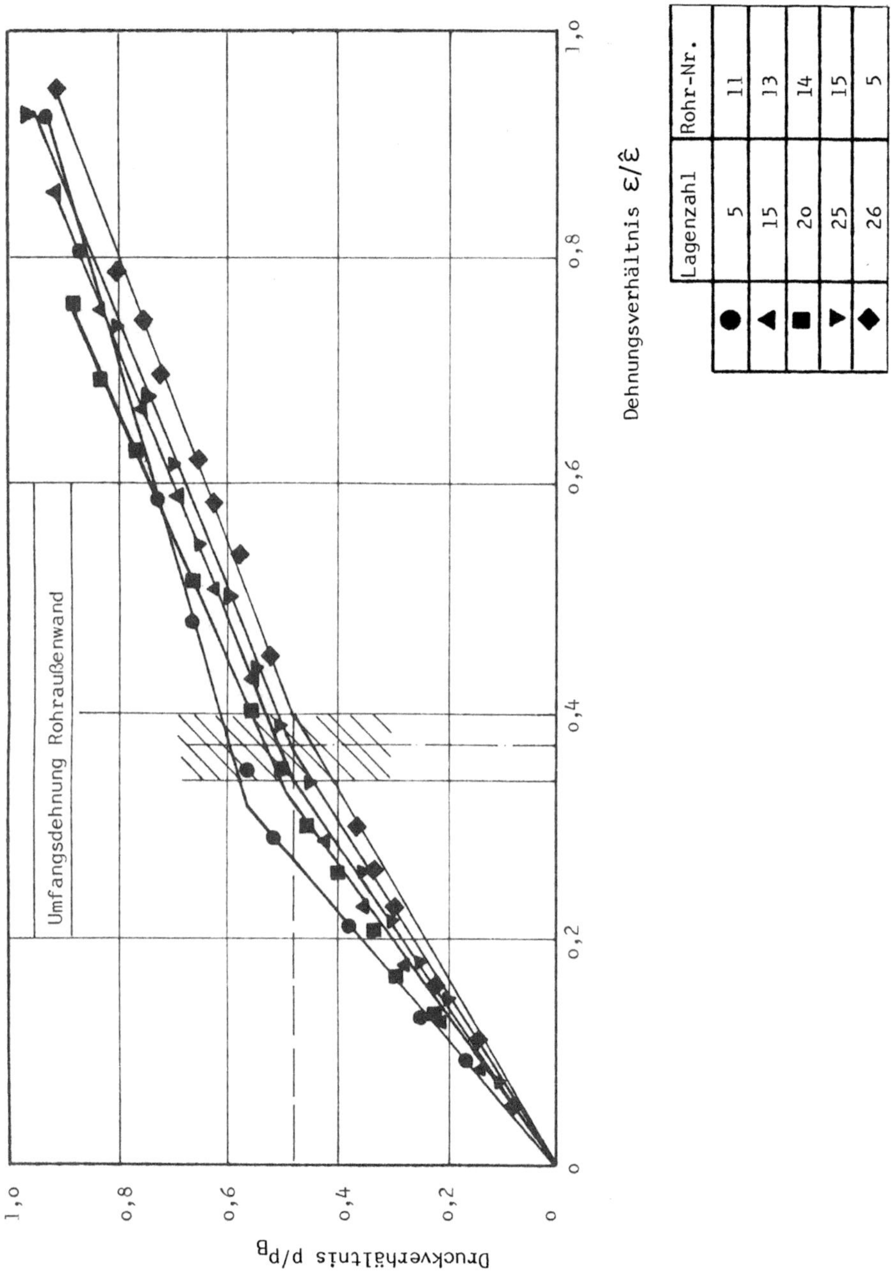

Abb. 12 Dehnungsverhältnis $\varepsilon/\hat{\varepsilon}$ als Funktion des Verhältnisses p/p_B für Federstahldraht-Verbundrohre mit unterschiedlicher Lagenzahl

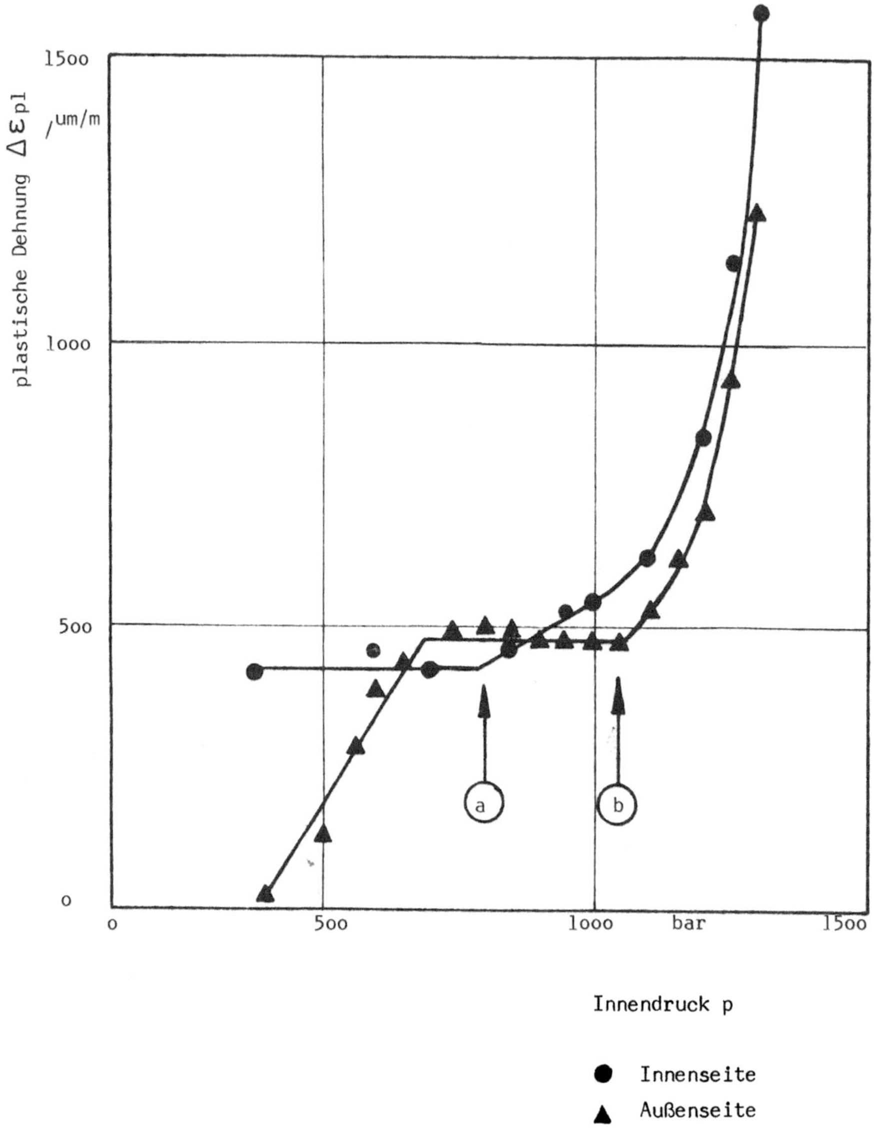

Abb. 13 Verlauf der plastischen Umfangsdehnung abhängig vom Innendruck eines 24-Lagen-Federstahldraht-Verbundrohres

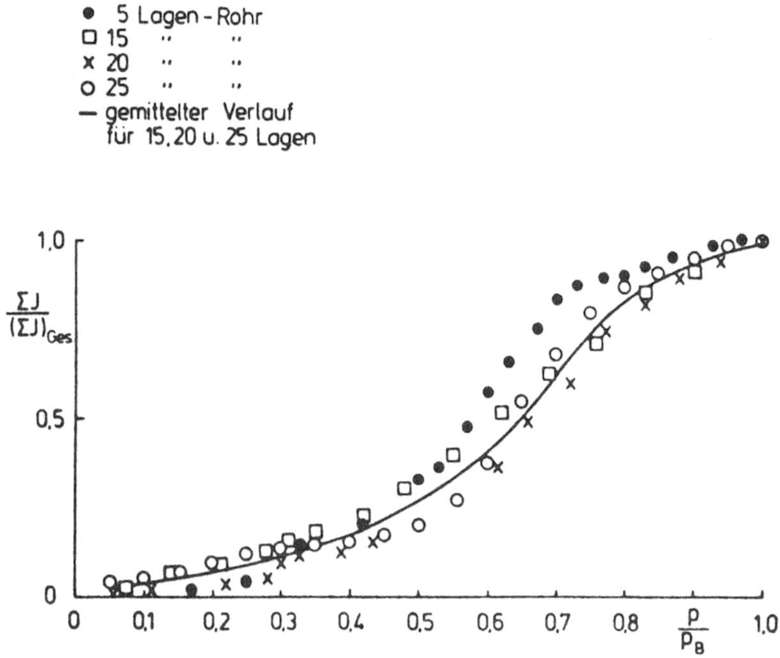

Abb. 14 Prozentualer Anteil der Gesamt-Schallemission bezogen auf die spezifische Beanspruchung

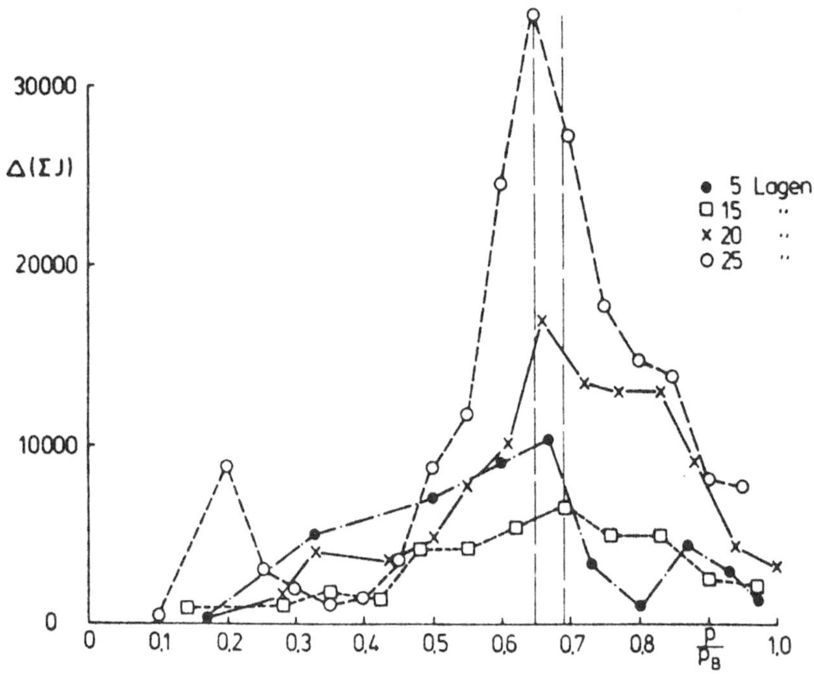

Abb. 15 Zunahme der Impulssumme in der ersten Minute nach Erreichen einer Druckhaltephase

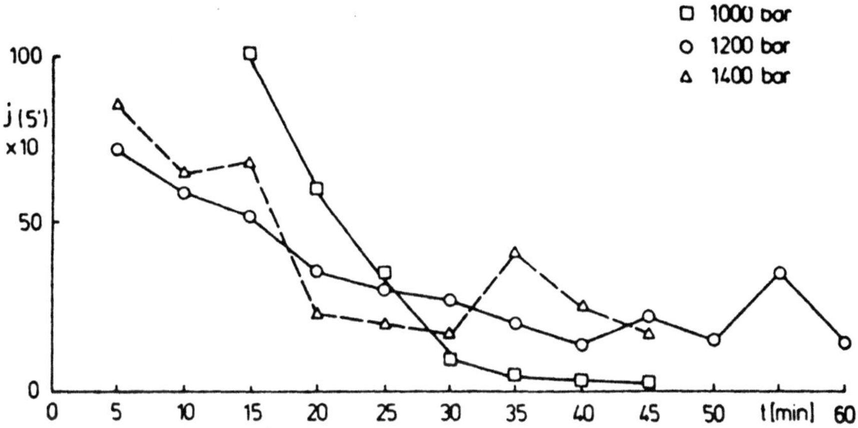

Abb. 16 Abklingverhalten der SE-Aktivität bei 1ooo, 12oo und 14oo bar

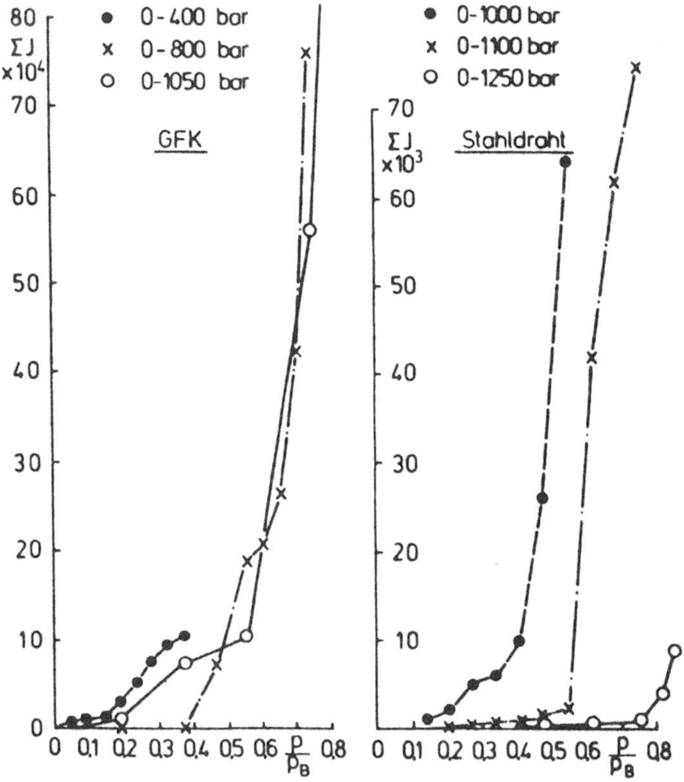

Abb. 17 Impulssumme als Funktion des normierten Prüfdrucks

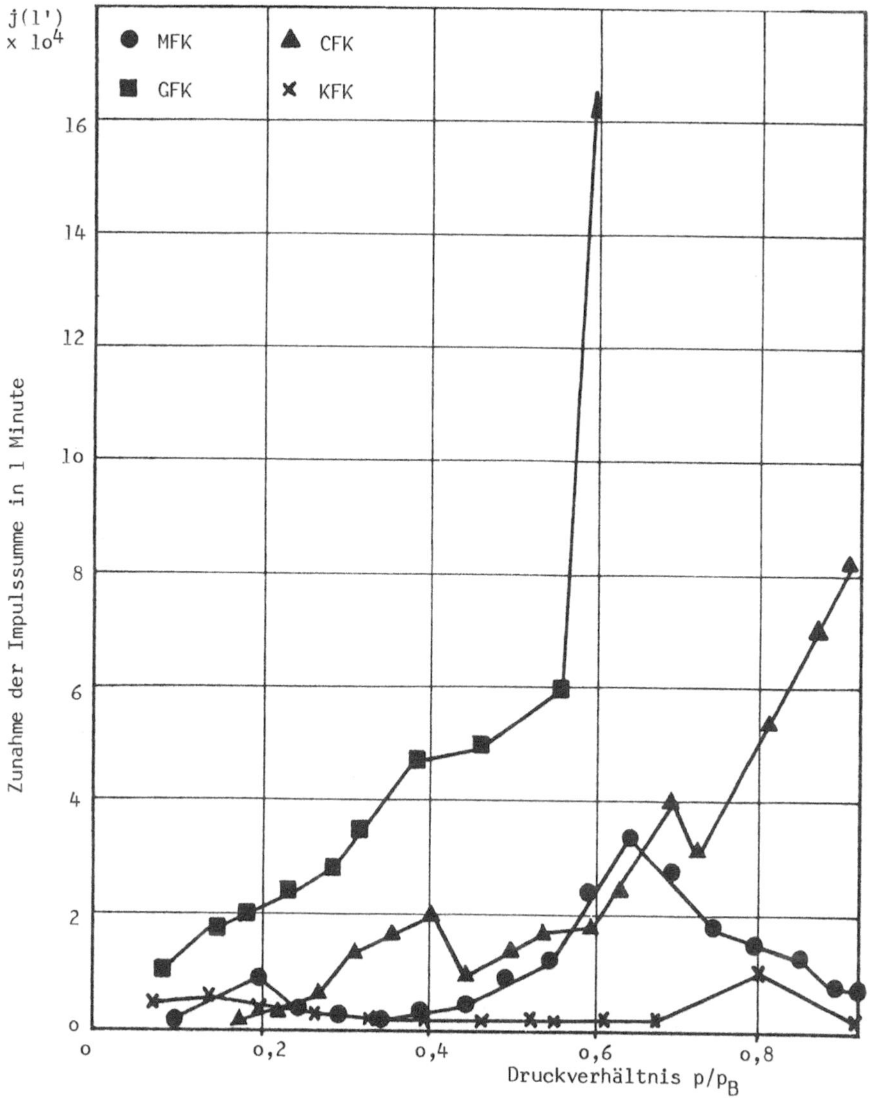

Abb. 18 SE-Aktivität verschiedener Fasermaterialien in Druckhaltephasen in Abhängigkeit von der Belastung

Anwendungsmöglichkeiten von Verbundwerkstoffen unter technischen und wirtschaftlichen Gesichtspunkten

F. Levacher
Stabsstellenleiter Forschung und Entwicklung
Felten & Guilleaume Carlswerk AG, Köln-Mülheim

1. Einleitung

Die Entwicklungsarbeiten an Verbundwerkstoffen haben bei der Firma Felten & Guilleaume Carlswerk AG, Köln-Mülheim, ihren Ursprung im Kabelbereich und im Bereich des technischen Halbzeuges. Im wesentlichen handelt es sich um Bestrebungen:

- Das Fertigungsverfahren und die Qualität der zugfesten Bewehrungsdrähte für selbsttragende Luftkabel und Phasenseilkabel zu optimieren;

- die Einsatzgebiete des technischen Halbzeuges durch Faserverstärkung zu erweitern;

- neue Produkte auf dem Gebiet der faserverstärkten Kunststoffe zu entwickeln.

Mit dem Bekanntwerden von neuen hoch-zugfesten Fasern aus Silicumkarbid, Bor, Graphit und Kevlar, wurden ungeachtet der zunächst noch hohen Materialkosten, die technischen Konsequenzen überprüft, die sich bei der Kombination dieser Fasern mit Aluminiumdrähten sowie Rohren aus Aluminium ergeben könnten. Hand in Hand gingen damit Verfahrensentwicklungen.

Die in diesem Zusammenhang durchgeführten Untersuchungen beschränkten sich nicht auf zugfeste Drähte. Sie wurden ausgedehnt auf leichte druckfeste Rohre, die z. B. als Hydraulikzylinder und Druckgasflaschen benutzt werden können. Hierüber soll nachfolgend berichtet werden.

2. Aluminium-Verbunddrähte für selbsttragende Luftkabel und Phasenseilkabel

2.1 Grundlegende Betrachtungen

Selbsttragende Luftkabel und Phasenseilkabel werden freitragend betrieben und stehen somit unter einer dauernden Zugbeanspruchung. Die dabei auftretenden Zugkräfte können nicht von den im Kabelkern liegenden mechanisch und elektrisch empfindlichen Fernmelde-Übertragungselementen aufgenommen werden. Man ist daher gezwungen, die Kabel mit einer sogenannten Bewehrung aus Drähten zu umhüllen, die die Zugkräfte aufnehmen. Diese Bewehrung hat gleichzeitig elektrische Aufgaben. Bei selbsttragenden Luftkabeln übernimmt sie die Funktion des Erdseiles, das Erdschluß- und Blitzströme ableitet. Bei den Phasenseilkabeln dient die Bewehrung dem elektrischen Energietransport. Darüber hinaus gibt die Bewehrung für beide Kabelarten einen Schutz ihrer Fernmeldeelemente gegen äußere elektromagnetische Störfelder.

Von der Bewehrung wird somit neben einer ausreichenden Zugfestigkeit eine gute elektrische Leitfähigkeit verlangt. Die infrage kommenden gut leitenden spezifisch leichten Metalle, wie Aluminium (Al 99,5) und Aldrey (E-AlMgSi) reichen häufig in ihrer Zugfestigkeit nicht aus. Man hat daher schon früh durch Kombination dieser Metalle mit Stahl eine Optimierung von Zug- und Leitfähigkeit angestrebt. Aus diesen Bemühungen ist der Verbunddraht Stahl-Aluminium hervorgegangen, der unter dem Handelsnamen Alumoweld und Hitachi-AS-Draht bekannt wurde.

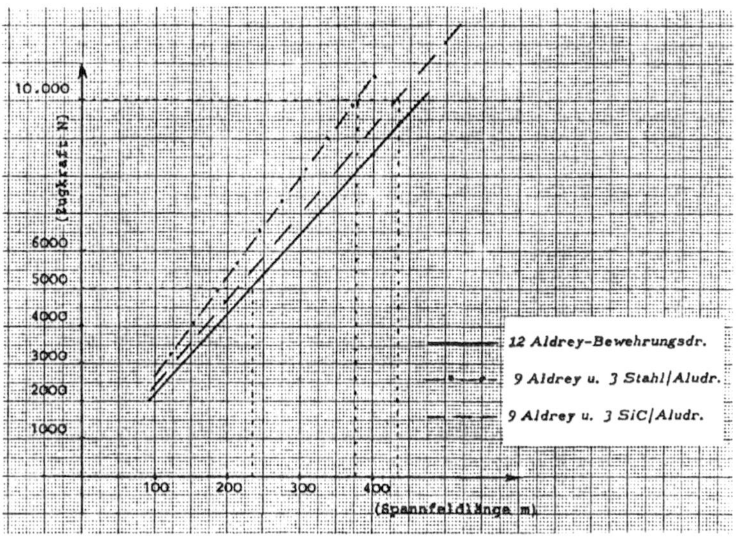

Abb.1 Zugkraft als Funktion der Spannfeldlänge des selbsttragenden Luftkabels, Typ 2Y2YbALDR 2x2x0,9 mit verschiedenen Bewehrungen

Um einen Einblick über die in der Praxis vorkommenden Verhältnisse zu vermitteln, ist in Abbildung 1 die Zugkraft an der einlagigen Bewehrung des selbsttragenden Luftkabels (Abbildung 2) vom Typ 2Y2YbALDR 2x2x0,9 als

Funktion des Abstandes der Aufhängepunkte dargestellt. Darin wird der Durchhang konstant als das 0.o22-fache (Durchhang/Feldlänge = 3,3 m /150 m)der Feldlänge angesetzt und für den Gewichtsbelag des Kabels der Katalogwert 0,38 kg/m benutzt. Aus dem Kurvenverlauf geht hervor, daß unter den gemachten Voraussetzungen in Spannfeldern zwischen 100 und 400 m Zugkräfte von 2,1 bis 8,6 KN auftreten.

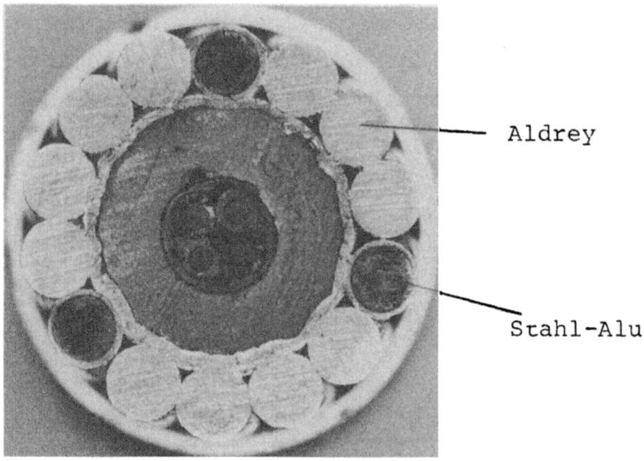

Abb. 2 Selbsttragendes Luftkabel, Typ 2Y2YbALDR 2x2x0,9 mit einer Bewehrung aus 9 Aldrey- und 3 Verbunddrähten (Stahl-Alu)

Für ein selbsttragendes Luftkabel mit Aldrey-Bewehrungsdrähten (E-AlMgSi) von 3,3 mm Ø läßt man eine Mittelzugspannung von ca. 50 N/mm^2 zu. Das bedeutet z.B. im vorliegenden Fall bei 12 Bewehrungsdrähten, d.h. einem Querschnitt von ca. 100 mm^2 eine zulässige Mittelzugspannung von rund 5 KN. Hieraus folgt eine max. Spannfeldlänge von etwa 240 m.

2.2 Kombinierte Bewehrung Aldrey/Stahl-Aluminium

Sind größere Spannfeldlängen zu überbrücken, dann kann das bei gleichem Bewehrungsaufbau dadurch erreicht werden, daß man den Durchhang vergrößert oder Bewehrungsdrähte höherer Zugfestigkeit verwendet. Einer Durchhangvergrößerung sind enge Grenzen gesetzt, weil selbsttragende Luftkabel und Phasenseilkabel durchhanggleich mit den übrigen Freileitungsseilen ausgespannt werden müssen. Es bleibt daher als wirksame Maßnahme der Übergang zu zugfesteren Bewehrungsdrähten. In der Praxis haben sich hierfür die bereits erwähnten Stahl-Alu-Verbunddrähte bewährt, bei denen 75 % des Querschnittes aus Stahl besteht.
Von den hier interessierenden Eigenschaften ergeben sich zwischen dem Aldreydraht und dem Stahl-Alu-Verbunddraht folgende Unterschiede (Ø = 3,3 mm):

Eigenschaften		Aldrey (E-AlMgSi)	Stahl-Alu
Zugfestigkeit	KN/mm^2	0,3	1,34
Leitfähigkeit	$\frac{m}{\Omega \cdot mm^2}$	31	13
Dichte	g/cm^3	2,7	6,5
E-Modul	KN/mm^2	60	165

Der Übergang von Aldrey- auf Stahl-Aluminium-Drähte hat 4 Konsequenzen:

- Zunahme der Zugfestigkeit und damit der zulässigen Mittelzugspannung, d. h. Vergrößerung der Spannfeldlänge

- Abnahme der Leitfähigkeit wegen der schlechteren Leitfähigkeit des Stahlkernes gegenüber Aldrey

- Zunahme des Gewichtsbelages des Kabels durch die höhere Dichte des Stahls gegenüber Aldrey (8/2,7)

- Übernahme der Zugkraft durch den Stahlkern wegen seines höheren E-Moduls gegenüber Aluminium.

Ersetzt man in dem oben als Beispiel angeführten Kabel 3 der 12 Aldreydrähte durch Stahl-Alu-Drähte, dann ergibt das eine Zunahme der zulässigen Mittelzugspannung von 5 auf 10 KN. Das bedeutet, wie aus dem Diagramm Abbildung 1 hervorgeht, eine Zunahme der zulässigen Spannfeldlänge von 240 auf rund 370 m. Obwohl die durch den höheren Gewichtsbelag des Kabels (0,38 - 0,47 kg/m) bedingten größeren Zugkräfte einen Teil der gewonnenen Zugfestigkeit der Armierung wieder aufzehren, bleibt der Gewinn an Spannfeldlänge noch beachtlich.

Wie oben erwähnt, nimmt durch den Einsatz der Stahl-Alu-Verbunddrähte die Leitfähigkeit der Bewehrung ab. Geht man davon aus, daß der Querschnitt der Aluminiumhülle 25 % des Gesamtquerschnittes eines Stahl-Alu-Drahtes beträgt, dann entspricht die elektrische Leitfähigkeit des Stahl-Aluminium-Verbunddrahtes einem Drittel der Leitfähigkeit des durchmessergleichen

Voll-Aluminium-Drahtes. Für die hier betrachteten beiden Beispiele bedeutet das einen Leitfähigkeitsrückgang von 3170 $\frac{m}{\Omega}$ auf 2600 $\frac{m}{\Omega}$ entsprechend den Gleichstromwiderständen der gesamten Bewehrung von rund 0,32 bzw. 0,38 Ω/km. Diese Widerstandszunahme ist noch innerhalb der für selbsttragende Luftkabel zulässigen Grenze.

Das bei der Fa. Berghof in der Entwicklung befindliche Beschichtungsverfahren für Stahl-Aluminiumdrähte verspricht gegenüber den bisherigen bekannten Verfahren Vorteile durch das Ausbilden einer Zwischenschicht aus Fe_2Al_5, weil bei Beschädigungen der Aluminiumhülle die Aluminiumhülle nicht mehr von der Stahlunterlage abreißt und damit eine Rostbildung verhindert wird.

2.3 Kombinierte Bewehrung Aldrey/SiC-Aluminium

In den letzten Jahren hat die Industrie Fasern herausgebracht, deren Zugfestigkeit nennenswert über Stahl liegt. Hierunter finden SiC-Fasern insofern ein besonderes Interesse, weil ihre Zugfestigkeit u. Dehnung sowie ihr E-Modul bis 900° C weitgehend konstant bleiben. SiC-Fasern eignen sich daher besonders zum Einbetten in flüssige Metalle wie z.B. Aluminium. Einen Vergleich der SiC-Fasern mit den Stahlkernen der Stahl-Alu-Drähte zeigt die nachfolgende Tabelle.

Eigenschaften		SiC	Stahl (St IV Alumoweldkerndraht)
Zugfestigkeit	kN/mm^2	3,7	1,8
Dichte	g/cm^3	3,4	7,75
Leitfähigkeit	$\frac{m}{\Omega\, mm^2}$	0	8,5
E-Modul	kN/mm^2	430	175

Gleiche Zugfestigkeit und gleicher Außendurchmesser (3,3mm) vorausgesetzt, erhält demnach ein SiC-Aluminium-Verbunddraht einen SiC-Kern von 1,76 mm. Der entsprechende Stahl-Aluminiumdraht hat einen Stahlkern von 2,86 mm Durchmesser. Durch Austausch von drei Aldreydrähten gegen 3 SiC-Alu-Drähte in dem eingangs aufgeführten Beispiel würde man etwa auf die doppelte Spannfeldlänge bezüglich Aldrey kommen. Vorteilhaft gestaltet sich auch der Längswiderstand, da rund 70 % des SiC-Verbunddrahtquerschnittes aus Aluminium besteht. Gegenüber der reinen Aldrey-Konstruktion bringt das eine Widerstandserhöhung um nur ca. 1,5 %.

Für die Entscheidung, ob bei selbsttragenden Luftkabeln und Phasenseilkabeln an Stelle von Aldrey-Drähten Stahl-Alu- oder SiC-Alu-Drähte eingesetzt werden sollen, spielen die Materialkosten eine entscheidende Rolle. Eine Gegenüberstellung hierzu gibt die nachfolgende Tabelle.

Mat.-Kosten	Aldrey	Stahl-Alu	SiC-Alu
DM/kg	5	4,92	400
DM/m (3,3mmØ)	0,11	0,27	3,40

Beachtet man dabei, daß der Meter-Preis für ein selbsttragendes Luftkabel mit einem Vierer (das gewählte Beispiel) nur einige DM ausmacht, dann ist der Mehrpreis für den Austausch einiger Aldrey-Drähte gegen Stahl-Alu-Drähte im Hinblick auf den erzielten technischen Effekt vertretbar. Es besteht daher ein echtes Interesse am erfolgreichen Abschluß der augenblicklich laufenden Entwicklung zur Verbesserung der Stahl-Aluminium-Draht-Qualität.

Im Hinblick auf die technische Qualität ergeben die SiC-Alu-Drähte gegenüber den Stahl-Alu-Drähten einen bemerkenswerten Fortschritt. Zur Zeit sind jedoch die Kosten für die SiC-Alu-Drähte noch zu hoch, um eine Verwendung bei selbsttragenden Luftkabeln und Phasenseilkabeln vorzunehmen. Da erfahrungsgemäß mit dem Weiterschreiten der technischen Entwicklung und des Einsatzes auf anderen Gebieten Kostensenkungen zu erwarten sind, wird dieser Vorgang sorgfältig beobachtet, um zu gegebener Zeit auf SiC-Alu-Drähte für die Armierung von Kabeln zurückzugreifen.

3. Verbundrohre für Innendruckbelastung

Aluminium-Zylinderrohre werden als Steuer- und Arbeitszylinder im Pneumatik- und Niederdruckhydraulikbereich eingesetzt. Die technischen und wirtschaftlichen Vorteile der Al-Zylinder gegenüber den Stahlzylindern sind:

- hohe Verschleißfestigkeit
- hohe Korrosionsbeständigkeit
- geringes Gewicht

Für die Al-Zylinder wird als Legierung überwiegend AlMgSio,5 verwendet, für dessen Zugfestigkeit σ_B = 220-250 N/mm^2 und dessen Dehngrenze $\sigma_{0,2}$ = 200 N/mm^2 angesetzt werden kann. Die Abbildung 3 gibt einen Überblick über den Arbeitsbereich bei vorwiegend ruhender Innendruckbelastung. Die gezeigte Kurvenschar gilt für Rohraußendurchmesser von 25-190 mm und erfaßt als Parameter Rohrwanddicken zwischen 1,6 und 10 mm. Die Kurvenschar wurde nach der Kesselgleichung berechnet.

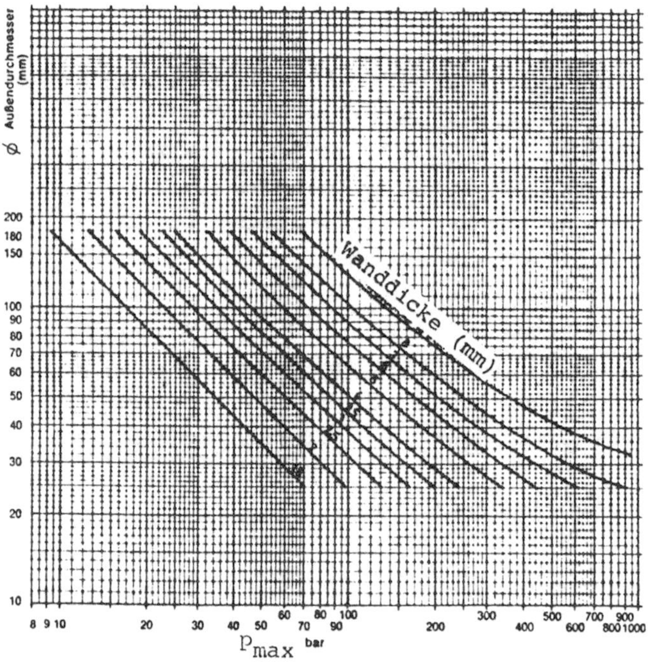

Abb.3 Innendruckbelastung (p max) von Aluminiumrohren als Funktion des Außendurchmessers (Ø) für verschiedene Rohrwanddicken (d), Sicherheitsfaktor s = 2

$$p_{max} = \frac{2\sigma_{0,2} \cdot d}{s \cdot \phi}$$

Man erkennt aus der Kurvenschar, daß große Rohrdurchmesser beachtliche Wanddicken erfordern, um höhere Drücke aufzunehmen. Es wurden daher Versuche unternommen, die Innendruckbelastbarkeit durch Bewicklung der Aluminiumrohre mit zugfesten Faserstoffen wie

- -Stahldraht
- -Glasfasern
- -Kohlenstoffasern
- -Aramidfasern

zu verbessern. Die betreffenden Fasern bzw. Drähte werden dabei mit aushärtendem Kunstharz getränkt und in mehreren Lagen wie eine Spule auf ein dünnes Aluminiumrohr (Innenliner) gewickelt. Durch die durchgeführten Untersuchungen sollten die Grundlagen für die Konstruktion von leichten, hochfesten Aluminium-Druckbehältern und -Zylindern erarbeitet werden. Das Ergebnis ist in nachfolgender Tabelle für Druckrohre mit verschiedenen Bewicklungen zusammengefaßt, die bei gleicher Abmessung des Aluminium-Innenliners von 70 mm Innendurchmesser und 2 mm Wanddicke eine Innendruckbelastbarkeit von 300 bar haben.

Rohrwerkstoff (Fasermaterial)	E N/mm^2	Wanddicke+ d_2 mm	d mm	Gewicht N/m	Kostenvergleich Al/MFK= 100
Al/MFK (C-Stahldraht)	210.000	2,9	4,9	48	100
Al/GFK (E-Glas)	74.000	8,3	10,3	53	120
Al/KFK (HF-Kohlenst.)	230.000	2,7	4,7	22	360
Al/CFK (Kevlar 49)	130.000	4,7	6,7	27	140
Stahlzylinder (ST 52)	210.000	-	5,8	108	55
Aluminiumzylinder (AlMgSi 1)	70.000	-	7,2	47	60

+ d_2 = Wanddicke der Verstärkung, d = Gesamtwanddicke

Die in der Tabelle aufgeführten Werte lassen deutlich den Gewichtsvorteil der meisten Verbundkonstruktionen gegenüber dem Stahl, aber auch zum Teil gegenüber dem Aluminium-Massivrohr erkennen. Dabei ist festzustellen, daß mit Ausnahme des GFK-Rohres kleinere Wanddicken benötigt werden als bei den Massivrohren.

Für welches Draht- bzw. Fasermaterial man sich entscheidet, wird ähnlich wie bei den Verbunddrähten von dessen Kosten beeinflußt. Die nachfolgende Tabelle gibt über die derzeitigen Verhältnisse einen Einblick

Draht- bzw. Fasermaterial	Mat.-Kosten DM/kg
C-Stahl (o,15 mm Ø)	9
E-Glas	3
Kohlenstoff, HF	275
Aramid (Kevlar 49)	45

Die Erhöhung der Innendruckfestigkeit der Verbundrohre gegenüber den bisherigen Aluminium-Zylinderrohren eröffnet weitere Anwendungsmöglichkeiten. Als Beispiel sei genannt der Einsatz solcher Rohre als Druckbehälter für Wasserstoffgas. Hierbei ergeben sich als Vorteile

- geringeres Gewicht gegenüber Stahlflaschen
- keine Versprödung des Aluminiumliners durch den Wasserstoff

Durch die Gewichtsersparnis ergibt sich bei Al/MFK-Behältern ein Verhältnis von Nutzlast (Wasserstoff) zu Behälter (Totlast) wie etwa 1:50. Bei Al/KFK-Behältern würde sich dieses Verhältnis auf etwa 1:20 verbessern. Damit eröffnen sich Möglichkeiten für einen wesentlich rationelleren Wasserstofftransport, der bisher mit einem Verhältnis von Nutzlast zu Totlast von etwa 1:100 rechnen muß.

PODIUMSDISKUSSION
ÜBER PERSPEKTIVEN DER ANWENDUNG VON FASERVERBUNDWERKSTOFFEN MIT METALL- UND KUNSTSTOFFMATRIX

Ergebnisniederschrift: J. Hansen, DFVLR Köln

Eröffnung durch den Diskussionsleiter
Prof. Dr. W. Bunk, DFVLR, Köln

Ziel der Diskussion soll es sein, einen Überblick über die Situation auf dem Gebiet der Faserverbundwerkstoffe zu erhalten. Diese Übersicht wird als Entscheidungshilfe für das BMFT dienen, ob und gegebenenfalls wie eine schwerpunktartige Bundesförderung auf diesem Gebiet einsetzen sollte. Die Diskussion wird eingeleitet durch Statements der Podiumsdiskussionsteilnehmer. Danach soll das Auditorium um Diskussionsbeiträge gebeten werden.

Teil I Statements der Podiumsdiskussionsteilnehmer

Dr. Sievers, BMFT, Bonn

Herr Dr. Sievers hebt hervor, daß er keinen fachlichen Beitrag liefern will, sondern einige Fragen zu der Situation auf diesem Gebiet zur späteren Diskussion stellen will. Ihre Beantwortung soll zur realistischen Einschätzung der Lage der Faserverbundwerkstoffe durch sein Ministerium beitragen.

Im BMFT-Programm "Rohstoff-Forschung" ist als ein Ziel die Einsparung und Substitution von Grundwerkstoffen und Legierungsmitteln genannt. In den Erläuterungen sind die Faserverbundwerkstoffe aufgeführt.

Obwohl die Faserverbundwerkstoffe sehr gute Eigenschaften besitzen - wie zum Beispiel die mechanischen Festigkeiten - und obwohl eine Rohstoffverknappung für die Faserverbundwerkstoffe nicht zu erkennen und zu erwarten ist, blieb bis heute jedoch eine größere Resonanz auf das Rohstoff-Forschungsprogramm hinsichtlich dieser Werkstoffgruppe aus. Es ist zu fragen, warum bisher hier keine nennenswerten Reaktionen erfolgten. Ein Grund könnte in dem hohen Preis dieser Materialien liegen. Lassen sich hier positive Preisentwicklungen erkennen, und können nicht höhere Preise wegen der besseren Eigenschaften seitens der Industrie in Kauf genommen werden?

Ein anderer Grund könnte darin liegen, daß der Herstellung in großen Stückzahlen Grenzen gesetzt sind. Denkbar könnte auch sein, daß Kommunikationsschwierigkeiten bestehen zwischen dem Anwender, der nicht sagt was er braucht, und dem Hersteller, der daher nicht genau weiß was er zu tun hat. Hierzu gehört die genaue Analyse des Bedarfes des Marktes und die Kenntnis dessen, was mit Faserverbundwerkstoffen machbar ist. Offensichtlich ist auch die Forschung und Entwicklung auf diesem Gebiet noch längst nicht abgeschlossen. Liegen hier bei dem derzeitigen wissenschaftlichen Kenntnisstand noch erhebliche Barrieren für die industriellen Nutzungen dieser Werkstoffe?

Die Beantwortung dieser Fragen kann zu der Entscheidung beitragen, ob für dieses Gebiet Forschungsmittel eingesetzt werden sollten oder nicht.

Dr. Grüninger, DFVLR, Stuttgart

Herr Dr. Grüninger beurteilt die Möglichkeiten eines künftigen Einsatzes der carbonfaserverstärkten Kunststoffe (CFK) insgesamt sehr positiv. Angesichts der z. Zt. noch relativ hohen Materialkosten wird sich die derzeitige Anwendung zunächst auf solche Bauteile beschränken, bei denen spezielle, vorteilhafte Eigenschaften der CFK unmittelbar genutzt werden können.

Die positive Einschätzung stützt sich auf die ungewöhnlich rasche Entwicklung, die diese Werkstoffgruppe durchgemacht hat. 1957 machte das erste Segelflugzeug - FS 24 "Phönix" -, das in allen tragenden, hochbelasteten Komponenten der Primärstruktur aus Glasfaserkunststoff gebaut war, seinen Erstflug. Heute werden bereits im Großflugzeugbau ausgewählte Bauteile aus CFK in Serie produziert. In der Weltraum-Technologie sind die CFK-Werkstoffe als Strukturbauteile unverzichtbar geworden. Die CFK-Technologie hat heute in Luft- und Raumfahrt einen festen Platz. Um den Ansprüchen zu genügen, müssen hohe Anforderungen hinsichtlich Leistungsfähigkeit und Sicherheit erfüllt werden.

Trotzdem - und angesichts der kurzen Entwicklungs- und Bewährungsphase nicht überraschend - gibt es eine ganze Reihe von Fragen, die an diesen Werkstoff zu stellen sind. Dies vor allem im Zusammenhang mit der Tatsache, daß die CFK-Technologie im Begriff steht, in die Zweige anspruchsvollen Maschinenbaus vorzudringen, in denen, zum Teil ganz unerwartet, die Frage der Gewichtsreduktion ebenfalls in den Vordergrund getreten ist. Die Antworten können und müssen durch basistechnologische Forschungs- und Entwicklungsarbeiten gegeben werden.

Hierzu wären vor allem Arbeiten zu folgenden Problembereichen zu nennen:

- Einfluß von in der Fertigung verursachten Irregularitäten im Werkstoff und von Schädigungen aus dem Betrieb auf das Dauerverhalten von CFK-

Bauteilen unter Betriebsbedingungen. Wie groß sind die Schadenstoleranzen, auch hinsichtlich möglicher unentdeckter Schädigungen?

- Auswirkungen von Umwelteinflüssen auf die Faserverbundwerkstoffe, insbesondere auch bei Einführung neuartiger Matrixsysteme im Hinblick auf Fertigung großer Stückzahlen. Zum Beispiel hat es sich gezeigt, daß bestimmte Thermoplaste durch Bremsflüssigkeit angegriffen werden.
- Die Möglichkeiten der zerstörungsfreien Werkstoffprüfung sind noch unzureichend. Befriedigend sind diese bisher nur bei ebenen Laminaten. Bei kompliziert geformten Bauteilen sind die Möglichkeiten zur Prüfung der Innenstrukturen noch unzureichend.

Für den Einsatz der C-Faserverbundwerkstoffe sind die hohen Materialkosten ein entscheidener und u.U. die Anwendung eingrenzender Faktor. Es wurden jedoch im Flugzeugbau und in der allgemeinen Composite-Technologie bereits Möglichkeiten erprobt, um durch kostengünstige Maßnahmen in der Fertigung die Wirkung der Werkstoffkosten auszugleichen. Wege hierzu sind:

- Integrale Fertigung auch komplexer Bauteile unter Verzicht auf viele arbeitsintensive Fügeschritte bei Einzelfertigung
- Einsatz vorgefertigter Faser/Matrix-Halbzeuge, wie z.B. im Sheet-Moulding-Compound-Verfahren (SMC), das aus der GFK-Technologie bekannt ist. Hierbei werden verarbeitungsfähige Mischungen aus Harzen, Füllstoffen und Verstärkungsfasern (ursprünglich ungerichtete Kurzfasern, heute auch modifizierte Verfahren mit gerichteten Kurzfasern und Endlosfasern) benutzt. Die Verarbeitung geschieht meist durch Warmpressen. Mit geeigneten Matrixsystemen, z.B. Polyesterharzen können hierbeiTaktzeiten von wenigen Minuten erreicht werden. Problematisch und deshalb zu untersuchen ist die Reproduzierbarkeit der Bauteileigenschaften und deren Verbesserung
- Entwicklung weiterer geeigneter Matrixsysteme, die kurze Taktzeiten in der Fertigung zulassen, resistent gegen Umwelteinflüsse sind und ein gutartiges Brandverhalten aufweisen.

Dr. A. Puck, Ciba-Geigy AG, Basel

Herr Dr. Puck hat seine Industrie-Erfahrungen auf dem Gebiet der faserverstärkten Kunststoffe in den letzten zehn Jahren in Bereichen außerhalb der Luft- und Raumfahrt gesammelt. Seiner Meinung nach werden in diesen Bereichen die Faserverbundwerkstoffe bei weitem nicht so angewendet, wie sie es aufgrund ihrer guten Eigenschaften verdient hätten. Dafür sieht Herr Dr. Puck vier Erklärungen:

1. Relativ hohe Werkstoffkosten.
   Die Entwicklung sollte sich mit kostengünstigeren Faser- und Matrixwerkstoffen beschäftigen, die für viele mittleren Anforderungen ausreichen. Oft genügen Glas-, Aramid- und C-Fasern auf Pech-Basis.

2. Bei Faserverbundwerkstoffen kann man bei Belastungen in bestimmten Richtungen von fasergeschwächten Kunststoffen sprechen, denn Festigkeit und Dehnbarkeit quer zur Faserrichtung sind viel niedriger als im Matrixmaterial ohne Einlagerung.
   Das hat zur Folge, daß Bauteile oft Schädigungen in der Matrix aufweisen, lange bevor das Fasermaterial geschädigt ist. Hierzu werden zwei Forderungen aufgestellt:

   A: Die Konstrukteure müssen über diese Faserschwächungen aufgeklärt werden. Wichtig ist dies insbesondere für Probleme der Krafteinleitung in die Bauteile.

   B: Die Werkstoffentwicklung sollte sich mehr um die Milderung der Schwächen bei den Faserverbundwerkstoffen bemühen anstatt deren Stärken höher zu züchten, die man nur selten auszunutzen vermag.

3. Häufig wird es als positiv hervorgehoben, daß Konstrukteure die Möglichkeiten haben, Faserverbundwerkstoffe "maßzuschneidern". Das heißt, daß man entsprechend dem Konstruktionsteil und dessen Beanspruchung Faser- und Matrixtyp aussucht und die Faserorientierungen festlegt. Diest ist nicht nur ein Vorteil, sondern eine bittere Notwendigkeit. Oft erreichen Faserverbundwerkstoffe in der Automobil-Industrie zum Beispiel ohne beanspruchungsgerechte Faserorientierung nicht die geforderte Leichtbaugüte.
   Für viele Konstrukteure, die nicht in der Konstruktion mit Faserverbundwerkstoffen geschult sind, ist dieser Zwang zum "Maßschneidern" aber ein großes Hindernis zum Einsatz dieser Werkstoffe. Insbesondere deshalb, weil einfach handhabbare und doch genügend wirklichkeitsgetreue Konstruktions- und Berechnungsmethoden bisher nur in einem unglaublich geringem Maße in die Praxis gedrungen sind. Auf diesem Gebiet muß dringend etwas getan werden.

4. Viele interessante technische Vorentwicklungen von faserverstärkten Bau-

teilen führen nicht zum Erfolg, weil kein rationelles Herstellungsverfahren für diese Bauteile vorhanden ist. Es ist nicht zu bezweifeln, daß sich den faserverstärkten Kunststoffen zur Zeit Chancen einer neuen Dimension eröffnen, weil sich der Automobilbau für diese Werkstoffe interessieren muß. Es ist jedoch zu befürchten, daß viele technische Entwicklungen daran scheitern werden, daß rationelle Herstellungsverfahren für die technische Großserienfertigung fehlen und man nicht sieht, wie solche kurzfristig entwickelt werden könnten. In sträflicher Weise wurden in der Vergangenheit die Entwicklung von Herstellungstechnologien mit deren Rückwirkungen auf die Konstruktion vernachlässigt. Wenn hier nicht drastische Änderungen herbeigeführt werden, könnten die faserverstärkten Kunststoffe ihre große Chance im Automobilbau verspielen.

Dr. H. Kellerer, MBB, Ottobrunn

H. Dr. Kellerer gibt seine Stellungnahme z.T. aus der Sicht seiner Firma ab, er erhebt nicht den Anspruch, absolut neutral zu sein. MBB beschäftigt sich im Wesentlichen mit faserverstärkten Kunststoffen, daneben auch mit faserverstärkten Metallen. Faserverstärkte Keramiken befinden sich im Beginn ihrer Entwicklung.

Für faserverstärkte Metalle werden zwei Fertigungstechnologien angewandt: einerseits das Löten oder Diffusionsverbinden borfaserverstärkter Bänder, andererseits die galvanische Abscheidung von Metallen (auch Aluminium) auf die Fasern zur direkten Herstellung von Bauteilen.

Infolge der starken Konkurrenz der faserverstärkten Kunststoffe werden für die verstärkten Metalle im Wesentlichen nur zwei Anwendungen gesehen: erstens bei hohen Temperaturen und zweitens bei korrosiven Einflüssen. Hier entwickelt MBB für Wehrtechnik, Flugzeugbau und Raumfahrt bestimmte Komponenten mit metallischer Matrix.

Wichtig ist dabei, daß die Verfahrenstechnik sehr genau der zu bauenden Komponente angepaßt werden muß. Dies setzt beim Hersteller ein großes Maß an Erfahrung voraus. Herr Dr. Kellerer bemerkt, daß 1980 das erste borfaserverstärkte Metall-Teil in Deutschland fliegen soll, was auf diesem Gebiet einen Durchbruch bedeutet.

Der Schwerpunkt der Anwendung von Faserverbundwerkstoffen wird mit Sicherheit bei den faserverstärkten Kunststoffen liegen. Noch stehen der Ausweitung des Einsatzes von Faserverbundwerkstoffen auch außerhalb der Luft-

und Raumfahrt-Industrie zwei große Hemmnisse im Weg:

1. Der Faserpreis: dieser kann sinken, wenn die Faserverbundwerkstoffe mehr Anwendung finden und
2. Fertigungsmethoden: diese sind z.T. noch zu kompliziert für die Serienfertigung.

Herr Dr. Kellerer möchte das BMFT auf die Situation bei der Kohlefaserherstellung aufmerksam machen. Mit einer Ausnahme werden diese Fasern aus dem Ausland bezogen (Japan, USA, Großbritannien). In der Bundesrepublik gibt es nur einen bedeutenden Hersteller, dessen Fasern aber noch weiterentwickelt werden können.

In einigen Bereichen können derzeit die Faserverbraucher in der Bundesrepublik von ausländischen Faserherstellern fast erpreßt werden. Das BMFT sollte diese Situation berücksichtigen und die sehr zukunftsträchtige Produktion von Kohlefasern in der Bundesrepublik fördern.

Viele der heute üblichen Fertigungsmethoden enthalten noch zahlreiche und zeitraubende Einzelschritte und sind deshalb schwer auf die Großserienfertigung zu übertragen. Es müssen hier noch direktere Wege zum fertigen Bauteil gefunden werden. Typisch hierfür ist z.B. die in den vorangegangenen Vorträgen mehrmals erwähnte Kardanwelle: Für die Stückzahlender Automobilindustrie könnte man hier an neue Technologien, z.B. eine direkte Verseiltechnik denken.

Es wird deshalb angeregt, daß das BMFT schwerpunktmäßig die Entwicklung kostengünstiger Fertigungsverfahren fördern soll.

In den Kostenfaktor geht der gesamte Zyklus ein; unter anderem auch die Produkt- und Qualitätssicherungskosten. Beim Einsatz von Faserverbundwerkstoffen in Primärstrukturen muß die Frage geklärt werden, wie diese Bauteile geprüft werden können. Hier sind noch viele Probleme zu lösen, angefangen von der Wareneingangskontrolle bis hin zur zerstörungsfreien Bauteilprüfung.

Als Nebenaspekt wird auf die Möglichkeiten hingewiesen, die sich durch die Verwendung von Kurzfasern ergeben. Bei dieser Technik werden nach einfachen Verfahren Vliese aus kurzen, (3 - 5 mm) absolut parallelen Faserstückchen aufgebaut. Diese erbringen ca. 80 % (Festigkeit) bis 90 % (E-Modul) der Werte entsprechender Langfaser-Materialien und bieten dabei folgende Vorteile:

1. Die Prepregs sind infolge einer gewissen gegenseitigen Verschiebbarkeit

der Fasern wesentlich besser verformbar. Daher lassen sich auch geometrisch komplizierte Bauteile herstellen.

2. Es können, einfacher als bisher, dreidimensionale Verbundwerkstoffe hergestellt werden.

   Hierbei werden verschiedene Kurzfasern (z.B. Glas und Kohle) statistisch verteilt gemischt, so ergibt sich die Möglichkeit der Eigenschafts-"Schneiderung". Verglichen werden kann diese neue Technik mit der Legierungsbildung bei den Metallen.

3. Die Kurzfasertechnologie ermöglicht voraussichtlich die Wiederaufbereitung von Faserabfällen und damit das Recycling faserverstärkter Kunststoffe. Mit zunehmendem Einsatz dieser teuren Metallen kommt der Wiederverwertung erhöhte Bedeutung zu. MBB arbeitet an diesem Problem.

Generell standen bei den Faserverbundwerkstoffen bisher meistens die Materialeigenschaften im Vordergrund. In Zukunft werden es die Bauteilkosten sein. In ihrem Interesse wird man in vielen Fällen auch auf maximale mechanische Werte verzichten müssen.

Dr. P. Eßlinger, MTU-München

Im Triebwerkbau liegen bisher nur wenige Erfahrungen mit Faserverbundwerkstoffen vor. Diese Erfahrungen stimmen im Ganzen zwar optimistisch, jedoch seien auch Fehlschläge, z. B. mit dem mißglückten Einsatz von FVW- Fan- und Verdichterschaufeln, nicht verschwiegen. Man kann aus heutiger Sicht sagen (später ist man bekanntlich ja immer klüger), daß in diesen Fällen der Einsatz noch verfrüht erfolgte, zu einem Zeitpunkt nämlich, wo man noch nicht ausreichen darüber informiert war, mit welchen Versagensmechanismen man im Triebwerk bei solchen Teilen rechnen muß. Die Entwicklung von Werkstoff und Bauteil war damals dementsprechend noch zu einseitig im Hinblick auf die Festigkeitseigenschaften ausgerichtet gewesen. Trotz solcher Rückschläge ist der Redner absolut sicher, daß auch im Triebwerkbau auf die Dauer nicht auf den Einsatz von Faserverbundwerkstoffen verzichtet werden kann. Außer dem damit verknüpften Gewichtsvorteil spricht dafür auch die Möglichkeit der Rohstoffeinsparung.

Bei der Herstellung vieler metallischer Bauteile ist das Verhältnis des eingesetzten Werkstoffs und des tatsächlich im Bauteil befindlichen Werkstoffs recht ungünstig. Hierzu ein - allerdings extremes - Beispiel: Bei der Herstellung von Bauteilen des Verdichters aus Titan fallen ca. 90 % Schrott an.

Zum Teil steigt dieser Wert bis 95 %. Diese Energie- und Materialverschwendung ruft nach neuen Technologien zur Herstellung konturnaher Vorprodukte.

Für die Herstellung von zuverlässigen Triebwerkbauteilen in Faserverbundbauweise ist eine Reihe von Voraussetzungen bisher nur mangelhaft erfüllt. So muß z.B. der Zusammenhang zwischen Funktion, Beanspruchung und Bauteilverhalten im Zusammenwirken mit Nachbarbauteilen innerhalb des Gesamtsystems "Triebwerk" besser als bisher bekannt sein. Ähnlich gilt fürdie Versagensmechanismen. Mit fortschreitender Kenntnis darüber können spezifische Forderungen über Werkstoffeigenschaften, Konstruktionsprinzipien und Prüfkriterien definiert werden.

Dies erklärt den "Rückstand" des Triebwerkbaus beim Einsatz von Faserverbundwerkstoffen gegenüber dem Zellenbau aber nur teilweise. Wichtiger noch erscheinen die mit den hohen Temperaturen und der im allgemeinen komplizierten Form der Triebwerkbauteile verknüpften Schwierigkeiten.

In den letzten Verdichterstufen moderner Großtriebwerke werden Temperaturen von über 600°C erreicht. Die heute gängigen Faserverbundwerkstoffe mit Kunstharzmatrix sind demgegenüber zuverlässig nur bis etwa 180°C einsetzbar, sind also nur für die ersten Verdichterstufen im Bereich oder Nachbarschaft des Fans brauchbar. Gerade für diese aber sind die Anforderungen hinsichtlich Festigkeit, Steifigkeit, Fremdkörpereinschlag, Erosion, Schwingfestigkeit, Gewicht und Form besonders schwierig und widersprüchlich.

Wollte man - was natürlich erwünscht ist - ganze Gehäuse im vorderen Verdichter aus Faserverbundwerkstoffen herstellen, so müssen Temperaturen von 200 bis 250°C ohne Schädigung und Funktionsbeeinträchtigung ertragen werden können. Dies mag mit speziellen Kunstharzmatrizen vielleicht gerade noch erreichbar sein. Darüber hinaus wird man aber wohl - wenn überhaupt - Verbundwerkstoffe mit Metallmatrix in Betracht ziehen müssen, bei deren Entwicklung man aber noch arg in den Anfängen steckt.

Im Zusammenhang mit der höheren Temperatur ist der Wärmedehnung und Kriechdehnung der Teile ganz besondere Beachtung zu schenken. Der Wirkungsgrad eines Triebwerks wird nämlich ganz wesentlich davon bestimmt, welche Toleranzen im Spalt zwischen den gegeneinander laufenden Teilen während des gesamten Betriebs (inklusive Anlaufphase) gehalten werden können. Die Wärmedehnung der statischen und rotierenden Teile muß also sorgfältig aufeinander abgestimmt werden.

Vor dem Serieneinsatz von Faserverbundwerkstoffen in Triebwerkverdichtern liegt demnach noch ein langer Weg intensiver Entwicklungsarbeit und Erprobung, oft genug nach der "Trial-and-Error"-Methode. Dabei wurden Basisprobleme wie Zeitstand- und Schwingfestigkeit, Klima-Alterung und Qualitätssicherung durch Zerstörungsfreie Prüfung noch nicht einmal angesprochen.

Wohl noch weiter in die Zukunft weist die Anwendung von Faserverbundwerkstoffen im Bereich der Turbine. Wegen der dort extrem hohen Temperaturen (Gastemperatur heute erheblich über 1300°C) kämen hier aber allenfalls hochwarmfeste Metallmatrices mit Keramikfaserverstärkung oder faserverstärkte Keramiken in Frage, Werkstoffe also, bei denen man bestenfalls vom Laborstadium sprechen kann.

Prof. Dr. G. Petzow, MPI, Stuttgart

Die keramische Seite der Faserverbundwerkstoffe hat bisher die geringste Bedeutung erlangt. Ihre praktische Anwendung liegt wohl noch am weitesten in der Zukunft, deshalb ist ihre Rolle auch am schwierigsten abzuschätzen. Unter Keramiken sollen dabei alle anorganischen nichtmetallischen Werkstoffe verstanden werden. Als Matrixmaterialien könnten von Bedeutung werden: Glas, Kohlenstoff bzw. Graphit, SiC und einige Oxide. Als Fasermaterialien kommen die gleichen Stoffe in Frage, dazu gegebenenfalls Metallfasern. Die Vorteile dieser Faserverbundwerkstoffe liegen in der Verbesserung der Festigkeit, insbesondere der Schlag- und Verschleißfestigkeit. Sie kommen insbesondere als Hochtemperaturwerkstoffe in Frage, besitzen jedoch ein schlechtes Thermoschockverhalten. Ebenfalls kann gegenüber herkömmlichen Werkstoffen die Gewichtseinsparung eine Rolle spielen.

Beispiele für keramische Faserverbundwerkstoffe sind die Drahtgläser, die als bruchsichere Gläser schon sehr alt sind. Moderne Beispiele sind die graphitfaserverstärkten Graphite. Diese sind im wehrtechnischen Bereich zum Beispiel als Raketendüsen im Einsatz. Sie sind in der Lage, extrem hohe Temperaturen von mehreren 1000°C für kurze Zeit (im Minutenbereich) auszuhalten. Sie besitzen jedoch nur eine schwache Oxidationsbeständigkeit. Ferner sind sie wegen ihrer ausgezeichneten Hochtemperatur-Verschleißfestigkeit als Flugzeugbremsen im Einsatz. Diese Werkstoffe eignen sich ebenfalls ausgezeichnet als Biomaterialien, da sie eine gute Körperverträglichkeit besitzen und gut unterschiedliche E-Modul-Bereiche, wie sie im natürlichen vorliegen, realisieren können.

Wird im Hochtemperaturbereich eine bessere Oxidationsbeständigkeit gefordert, kann man auf Faserverbundwerkstoffe mit SiC-Matrix ausweichen. Noch besser können sich hier Oxide bewähren. Gerichtet erstarrte eutektische Oxidwerkstoffe haben in Laborversuchen ein sehr gutes Hochtemperaturverhalten gezeigt. Ähnlich hergestellt werden gerichtet erstarrte metallkeramische Eutektika. Interessant sind sie zum Beispiel für die Anwendung in der Lasertechnik, sie besitzen dünne gerichtete metallische Leiter, die sehr gut haftend in einem absoluten Isolator eingebettet sind.

Insgesamt bilden die keramischen Faserverbundwerkstoffe eine sehr interessante Materialklasse:

- Wegen der guten Verfügbarkeit der Grundstoffe bzw. Komponenten sind sie aus der Sicht der Rohstoff-Einsparung sehr günstig.
- Wegen ihrer besonders guten Hochtemperatureigenschaften sind sie besonders geeignet für den Einsatz in diesen Bereichen, zum Beispiel in der Heißgasturbine. Es kann damit gerechnet werden, daß in Zukunft noch höhere Einsatztemperaturen erreicht werden können.
- Auch bezüglich gewisser anderer physikalischer Eigenschaften können diese Werkstoffe Spitzenwerte erbringen.

Bei diesen Faserverbundwerkstoffen auf Keramikbasis müssen jedoch erst eine Reihe von Problemen in der Grundlagenforschung bzw. im grundlagennahen Bereich gelöst werden, bevor sie zum praktischen Einsatz kommen können. Diese Werkstoffklasse ist von allen bisher angesprochenen Werkstoffen noch am wenigsten entwickelt. Wegen ihrer möglichen späteren wirtschaftlichen Bedeutung sollten alle Aktivitäten auf diesem Gebiet unterstützt werden.

Dr. D. Stöckel, Fa. G. RAU GmbH & Co., Pforzheim

In diesem Beitrag soll nicht über die Faserverbundwerkstoffe gesprochen werden, bei denen die Festigkeit und das geringe spezifische Gewicht im Vordergrund stehen, sondern über jene, bei denen bestimmte physikalische Effekte wie gute elektrische Leitfähigkeit gepaart mit anderen physikalischen Größen erzielt werden sollen. Hierzu gehören zum Beispiel:

- Supraleiter, bei denen Fasern aus supraleitendem Material in normal leitender Matrix eingebettet sind. Diese werden bereits in beachtlichen Mengen produziert.
- Metallisch leitende Fasern in halbleitender Matrix
- Werkstoffe für elektrische Kontakte

Elektrische Kontakte aus Faserverbundwerkstoffen werden bereits in großen

Mengen produziert. Der Anteil der Verbundwerkstoffe am Gesamtvolumen der elektrischen Kontakte auf Silber-Basis beträgt ca. 40 %. Hiervon wieder besteht ein großer Anteil aus Werkstoffen mit Faserstruktur. Die Fa. G. RAU GmbH & Co. verarbeitet monatlich mehr als 1 t Kontaktmaterial aus Faserverbundwerkstoffen, insbesondere Silber-Nickel-Verbundwerkstoffe mit kontinuierlichen und diskontinuierlichen Nickelfasern und Silber-Graphit-Verbundwerkstoffe mit Faserstruktur.

Der Hauptgrund der Anwendung der Faserverbundwerkstoffe liegt in der Silbereinsparung durch Verringerung des Abbrandes. Alle Maßnahmen, mit denen dieses Ziel erreicht werden kann, sind gerechtfertigt, auch wenn komplexere Herstellungsverfahren notwendig sind. Die Faserverbund-Kontaktwerkstoffe besitzen teilweise eine erhebliche längere Lebensdauer als Verbundwerkstoffe mit isotroper Einlagerung der zweiten Komponente (Teilchenverbundwerkstoffe). So hat zum Beispiel der Kontaktwerkstoff Silber-Graphit mit faserförmigen Graphiteinlagerungen bei senkrechter Anordnung der Fasern zur Schaltfläche eine fünfmal höhere Lebensdauer als der entsprechende isotrope Werkstoff.

Schwierigkeiten ergeben sich bei der Weiterverarbeitung dieser Faserverbundwerkstoffe. Ihre Anisotropie verlangt ganz spezifische Fertigungsverfahren zum Beispiel bei der Verbindungstechnik. Es sind Fertigungs- und Verarbeitungsverfahren notwendig, um die Faserverbundstruktur auch optimal im Schaltgerät an die richtige Stelle zu bringen, damit die Vorteile der Anisotropie ausgenützt werden können. Hiermit sollte deutlich gemacht werden, daß nicht nur die Herstellung, sondern auch die Weiterverarbeitung der Faserverbundwerkstoffe in Zukunft Anstrengungen verlangen.

Teil II Diskussion

Bei der Niederschrift zu der Diskussion wurde versucht, die 63 Beiträge aus dem Auditorium und vom Podium möglichst übersichtlich zu ordnen, zu gliedern und als knapp gefaßte Statements aufzuführen. Inhaltlich ähnliche Bemerkungen wurden zusammengefaßt.

Anwendungsbereiche von Faserverbundwerkstoffen

Es sollten zwei grundsätzlich verschiedene Einsatzbereiche unterschieden werden:

- Hochtechnologische Anwendungen. Hierzu zählen die "maßgeschneiderten" Faserverbund-Bauteile, die in Einzelfertigungen hergestellt werden. Einsatzbereiche sind insbesondere die Luft- und Raumfahrt.
- Anwendung relativ einfacher Teile, die in größeren Mengen zu billigen Preisen hergestellt werden müssen (Serienfertigung).

In der Automobil-Industrie wird der Einsatz von Faserverbundwerkstoffen insbesondere wegen der damit möglichen Gewichtseinsparungen erwartet. Um 1 kg Gewicht einzusparen, kann ein Ansteigen der Bauteilkosten bis zu 7,-- bis 8,-- DM in Kauf genommen werden. Dies kann erreicht werden mit CFK-Bauteilen, wenn der Übergang von der Einzelfertigung zur Serienfertigung gelingt.

Es werden noch andere Zahlen für den Automobilbau genannt:

1,50 DM Mehrkosten für 1 kg Einsparung	Mittelwert
5,-- DM Mehrkosten für 1 kg Einsparung	für ungefederte Massen
20,-- DM Mehrkosten für 1 kg Einsparung	für Kolben

Im Flugzeugbau wird ebenfalls hauptsächlich aus Gründen der Gewichtseinsparung ein nennenswerter Einsatz von Faserverbundwerkstoffen erwartet. Für Kampfflugzeuge kann der Anteil an Faserverbundwerkstoffen auf 30 bis 50 % steigen.

Die Koppelung von geringem Gewicht mit hoher Zugfestigkeit und Steifigkeit machen die Faserverbundwerkstoffe überall dort interessant, wo Bauteile hohen Beschleunigungen unterworfen sind, wie zum Beispiel Verdichterräder, Turbolader, hochdrehende Wellen u.ä.

Faserverbundwerkstoffe mit Metallmatrix

Die Hauptvorteile der Faserverbundwerkstoffe mit Metallmatrix liegen in ihrer Anwendbarkeit bei höheren Temperaturen. Gebräuchlich ist derzeit insbesondere das Aluminium, jedoch ist auch eine Entwicklung zum Titan als Matrixmaterial zu erkennen. Hier können noch höhere Einsatztemperaturen erwartet werden. Eine Bearbeitung durch "Superplastic Forming" scheint möglich zu sein. Die Anwendungen dieses Werkstoffs werden insbesondere im Flugturbinenbau erwartet.

Als Fasermaterial in Metallmatrix kommen insbesondere B- und SiC-Fasern in Betracht.

In USA werden große Anstrengungen gemacht, Carbonfasern in Aluminium einzubetten. Offensichtlich hat es hier noch keinen Durchbruch gegeben. Ähnliche Versuche in der Bundesrepublik wurden vom BMFT gefördert, jedoch ohne Erfolg.

Im Raumtemperaturbereich stehen Aluminium- und Kunststoff-Matrixwerkstoffe in Konkurrenz. Niedrigere Kosten und leichtere Produktionsmöglichkeiten sprechen für die Kunststoffe.

Vorteile bietet das Aluminium-Matrixmaterial gegenüber den Kunststoffen durch größeren Korrosions- und Erosions-Widerstand und größere Schubfestigkeit.

Konventionelle Umformverfahren von Aluminium-Legierungen mit eingelagerten Kurzfasern sind möglich. Es fehlen jedoch zur Zeit geeignete Kurzfasern. Inwieweit eine Faserausrichtung eingestellt werden kann bzw. bei der Umformung erhalten bleibt, muß noch untersucht werden.

Faserverbundwerkstoffe mit Kunststoffmatrix

Für eine Massenproduktion erscheinen Polyester- und Epoxidharze ungeeignet, man sollte zu den Thermoplasten zurückgehen. Für den dabei gewonnenen Vorteil der besseren Verarbeitbarkeit können häufig Einbußen in den Werkstoffeigenschaften in Kauf genommen werden.

Als geeignetes Material für die Verarbeitung mit Halbzeug-Stufe bieten sich Thermoplaste an, die verformbar bleiben. Um den Vernetzungsprozeß zu verbessern, sollte man versuchen, Thermoplaste zu entwickeln, die nicht durch Hitze, sondern vielleicht durch Luftfeuchte vernetzt werden können. Dies ist offensichtlich möglich. So sollten Kunststoff-"Bleche" etwa aus Polyäthylen entwickelt werden, die nach ausgearbeiteten Vorschriften mit Pressen verarbeitbar sein sollten. Die Hauptschwierigkeit dieser Entwicklung liegt darin, daß die Entwicklung entsprechender Kunststoffe noch nicht weit genug fortgeschritten ist.

Heute werden mattenverstärkte Thermoplast-Platten angeboten, die tiefgezogen werden können. Diese Entwicklung wird fortgesetzt.

Faserverbundwerkstoffe mit Keramikmatrix

Die Klasse der Faserverbundwerkstoffe mit Keramikmatrix könnte Einsatzgebiete extrem hoher Temperaturen (bis 2000 ^{o}C) erschließen. Problematisch wird hier der Oxidationsschutz und die Senkung der Diffusion durch Diffusionsbarrieren. Die Sprödigkeit dieser Werkstoffe verbietet den Einsatz bei Bauteilen, denen Duktilität abverlangt wird.

Bei den Faserverbundwerkstoffen mit Keramikmatrix handelt es sich um einen spröden Werkstoff, der keine Spannungsspitzen abbauen kann. Durch katastrophenartige Rißausbreitung kann es zum Zerstören des Bauteils kommen. Zum besseren Verständnis des Bruchverhaltens soll die Bruchmechanik einen Beitrag liefern.

Auf dem Gebiet Keramik-Matrix-Werkstoffe ist noch ein erheblicher Entwicklungsaufwand nötig. Die Bundesrepublik sollte versuchen, den Entwicklungsvorsprung der USA aufzuholen.

Man sollte die drei Klassen der Faserverbundwerkstoffe mit Metall-, Keramik- und Kunststoffmatrix nicht gegeneinander ausspielen, sondern allenfalls gegeneinander abgrenzen.

Eigenschaftsuntersuchungen an Werkstoff und Bauteil

Für den Einsatz der Faserverbundwerkstoffe ist es besonders wichtig, den Zusammenhang zwischen Bauteilbeanspruchung und Werkstoffverhalten zu kennen.

Der Konstrukteur muß das Bauteil werkstoffgerecht konzipieren und wissen, welche Möglichkeiten die Faserverbundwerkstoffe bieten und wie optimale Werkstoffeigenschaften im Bauteil erreicht werden können.

Die Faserverbundwerkstoffe bieten die Möglichkeit, durch Faser- und Matrixauswahl sowie Faseranordnung das Bauteil - entsprechend den Spannungsfeldern - zu verstärken. Dieses setzt jedoch eine genaue Spannungsanalyse des Bauteils voraus.

Für den Einsatz der Faserverbundwerkstoffe müßten die gängigen Programme der Bauteilberechnung nach der Finite-Element-Methode bezüglich der Anisotropie-Eigenschaften der Faserverbundwerkstoffe modifiziert werden.

Wichtiger als die weitere Verbesserung der guten Eigenschaften der Faserverbundwerkstoffe ist es, die negativen Eigenschaften (Alterungsfestigkeit, Druckfestigkeit quer zur Faserrichtung) zu untersuchen und soweit möglich zu verbessern.

Der Sicherheitsfaktor ist "ein Maß für die Vergeudung von Rohstoffen und Energie". Es wäre wünschenswert, wenn dieser gesenkt werden könnte. Dazu sind Schwachstellenanalysen und die Kenntnis der Werkstoffkenndaten sowie eine statistische Absicherung nötig.

Unklarheit herrscht darüber, inwieweit Laborergebnisse auf die Praxis übertragbar sind und ob die ermittelten Eigenschaften in der Serienfertigung erreichbar sind.

Es wird die Entwicklung von Prüfverfahren für die zerstörungsfreie Werkstoffprüfung gefordert, besonders bei der Prüfung großer integraler Bauteile.

Bei vielen Anwendungen von Faserverbundwerkstoffen stehen nicht so sehr hohe Festigkeiten im Vordergrund, sondern auch andere Eigenschaftswerte, wie zum Beispiel der thermische Ausdehnungskoeffizient, der wichtig ist zum Beispiel bei der mechanischen Verträglichkeit, und das Dämpfungsverhalten.

Die Warmformbeständigkeit hat eine erhebliche Bedeutung, sie kann verbessert werden zum Beispiel durch Einlagerung von Textilfasern.

Es wird der Vorschlag gemacht, nicht nur durch Fasermischungen, sondern auch durch Mischungen der Matrixwerkstoffe (Hybridisierungen) Eigenschaftsverbesserungen der Faserverbundwerkstoffe zu erreichen.

Bei zukünftiger Förderung sollte zunächst mehr Wert auf preissenkende Herstellungsverfahren, Verbesserung der Bearbeitbarkeit und der mechanischen Eigenschaften als auf die Grundlagenforschung gelegt werden.

Fertigungsverfahren

Die Fertigung von Faserverbund-Bauteilen ist wegen der Anisotropie der Faserverbundwerkstoffe von Natur aus komplizierter als die der gebräuchlichen anderen Werkstoffe. Hier tritt das größte Problem für den Einsatz dieser Werkstoffe auf. Die heutigen Fertigungsverfahren sind unzureichend. Es müssen einfache, rationelle und billige Verfahren entwickelt werden, die eine Serienfertigung erlauben. Sonst wird diese Werkstoffklasse auf Sonderfälle beschränkt bleiben: Der heute beschrittene Weg der Herstellung von Faserverbundwerkstoffen über Auswahl von Fasern und Harzen, Mischen, Herstellen von Prepregs, Vernetzen bei höheren Temperaturen, möglicherweise in sehr großen Formen, ist für die Massenproduktion von Teilen aus Faserverbundwerkstoffen viel zu aufwendig.

Die Forderung nach einfachen Konstruktionsverfahren wird erhoben. Dies sollte über fertig vorbereitetes Halbzeug möglich sein, das gut zu verarbeiten ist - zum Beispiel durch Pressen wie Metallbleche - und für das die Werkstoffkenndaten in brauchbarer Form leicht aus Handbüchern zu entnehmen sein müssen.

Bedenken gegen Halbzeug: Dadurch wird gerade auf den Hauptvorteil der Faserverbundwerkstoffe, das bauteilgerechte Konstruieren, verzichtet.

Die bauteilgerechte Konstruktion verlagert die gesamte Bauteilherstellung aus Fasern und Matrix zum Anwender. Dies erfordert ein Umdenken, da der klassische Weg Halbzeughersteller - Anwender versagt.

Die Produktentwicklung beim Anwender muß bei Faser- und Matrixauswahl beginnen.

Es sollte nicht der Eindruck entstehen, daß bei den Faserverbundwerkstoffen die Entwicklung noch ganz am Anfang steht.

- Es existieren bereits Halbzeuge, etwa in Form von Harzmatten, die in vernünftigen Taktzeiten verarbeitet werden können, die auch für den Automobilbau interessant sind. Es sind hier durchaus Serienfertigungen zu realisieren, nur wissen dies die wenigsten. Es gibt potente Verarbeiter, die Serien mit 6000 Stück pro Tag fertigen.
- Der Weg über das Halbzeug scheint wirtschaftlich durchaus bedeutungsvoll werden zu können, die Halbzeuge müssen jedoch nach den geforderten Eigenschaften differenziert werden.

Produktion von Faserverbund-Bauteilen bei kleineren Anwendern wird wohl nur über Halbzeug zu erwarten sein.

Ein Kompromiß zwischen direkter Bauteilherstellung und der Bauteilherstellung mittels Halbzeug könnte die Anwendung von "Viertelzeug" sein. Es bieten sich zwischen dem Vorprodukt Faser- und Matrixmaterial und dem Endprodukt "Bauteil" eine Reihe von Zwischenstufen an.

In der Elektrotechnik besteht bei den Faserverbund-Kontaktwerkstoffen eine besondere Situation: Die Herstellung läuft innerbetrieblich über Halbzeuge.

Es sollte nicht heißen: entweder direkte Bauteilproduktion oder Bauteilproduktion aus Halbzeugen, sondern sowohl - als auch: Die direkte Bauteilproduktion wird vornehmlich bei den hochtechnologischen Anwendungen vorgenommen, während die Verwendung von Halbzeugen insbesondere bei den relativ einfachen Massengütern erfolgt oder erfolgen wird.

In einigen Fällen kann die "Wickeltechnik" praktikabel und billig sein. Ein Beispiel hierfür ist die Kardanwelle, bei der Fasern auf einen Metall-Liner gewickelt werden.

Kompliziertere Fertigungsverfahren können dann gegebenenfalls in Kauf genommen werden, wenn durch den Bau eines integralen Faserverbund-Bauteils viele andere Teile ersetzt werden können. Meistens sind hierdurch - exakte Herstellung vorausgesetzt - Eigenschaftsverbesserungen des integralen Bauteils zu erreichen.

Verbindungstechnik, Reparatur, Recycling

Nicht nur die rationelle Herstellung sondern auch die Weiterverarbeitung der Faserverbundwerkstoffe ist problematisch. Hierzu zählt die Verbindungstechnik, die sehr kompliziert sein kann. Beim Nieten solcher Bauteile muß der Faserverlauf erhalten bleiben. Treten durch nicht exaktes Justieren an den Nietstellen Spannungsspitzen auf oder ist das Faserverbund-Bauteil durch Faserschädigungen im Nietbereich geschwächt, kann es leicht zum Bruch kommen.

Problematisch wird bei den Faserverbundwerkstoffen die Schadensbeseitigung. Beim Einsatz von Faserverbundwerkstoffen muß geklärt sein, wie möglicherweise auftretende Schäden repariert werden können.

Mit der Verschrottung von Faserverbund-Bauteilen tritt das Problem der Abfallbeseitigung und des Recyclings auf. Dies dürfte schwerer zu lösen sein als bei den herkömmlichen Metall-Werkstoffen.

Ausbildung und Hilfsmittel für Konstrukteure

Die Scheu des Konstrukteurs vor den Faserverbundwerkstoffen liegt darin, daß er es nicht gelernt hat bei seiner Ausbildung, mit diesen Werkstoffen zu konstruieren. Das Angebot an Hochschulen zu diesem Thema ist offensichtlich nur sehr gering. Es wird der Vorschlag gemacht, daß in den Ingenieurstechniken die Lehre über die Werkstoffeigenschaften der Faserverbundwerkstoffe und der Konstruktion mit ihnen intensiviert wird. Es ist leichter, die kompliziertere Konstruktion bei der Ausbildung zu lernen, als sie sich selber später im Beruf anzueignen. Dazu wird die Anregung gemacht, verstärkt eine Weiterbildung zu betreiben.

Der Konstrukteur greift häufig erst zu Faserverbundwerkstoffen, wenn er vorher Probleme mit neuen Teilen gehabt hat. Dabei wird oft der Fehler gemacht, daß die Schwächen der Faserverbundwerkstoffe nicht berücksichtigt werden, was zum Versagen der Bauteile führt. Dabei entwickelt der Konstrukteur eine Ablehnung gegenüber den Faserverbundwerkstoffen und leicht wird die ganze Werkstoffgruppe in Verruf gebracht.

Ein Vorschlag zur Beseitigung der Scheu des Konstrukteurs besteht darin, einfache und übersichtliche Konstruktionsanleitungen für Faserverbundwerkstoffe zu schaffen, etwa in Form eines Handbuchs. Im übrigen wurden die Forderungen nach der Erarbeitung von übersichtlichen Richtlinien für den Konstrukteur, das Zusammenstellen bereits bekannter Werkstoffkenndaten aus der Literatur und gezielte Ergänzungen der Kenndaten für die Werkstoffe, die die größten Einsatzchancen haben, von vielen Diskussionspartnern erhoben.

Es besteht die Möglichkeit, daß der Betreiber den Kauf und Einsatz von Faserverbund-Bauteilen ablehnt, weil er noch kein Vertrauen zu diesen Werkstoffen gefaßt hat.

Politische Lage

Es sollten Anstrengungen gemacht werden, den Entwicklungsvorsprung der USA auf dem Gebiet der Faserverbundwerkstoffe aufzuholen.

Die Situation der Hersteller von Faserverbund-Bauteilen in Europa wird dadurch erschwert, daß ein Großteil des Fasermaterials und Prepregs importiert werden müssen. Diese Abhängigkeit, insbesondere von den USA, wird zur Erpressung der deutschen Hersteller benutzt und führt zur Verzerrung des Marktes zu Ungunsten der Bundesrepublik. Die eigene industrielle Fertigung des Fasermaterials sollte, um die Wettbewerbsfähigkeit der deutschen Industrie zu sichern, mit Kraft vorangetrieben werden.

ZUSAMMENFASSUNG UND AUSBLICK

W. Bunk, J. Hansen, G. Sievers

Die Podiumsdiskussion der Präsentation hat gezeigt, daß man mit Faserverbundwerkstoffen eine Reihe guter bis sehr guter Werkstoff- und Bauteileigenschaften erzielen kann. Da außerdem die Faserverbundwerkstoffe aus Rohstoffen aufgebaut werden, die im allgemeinen eine gute Verfügbarkeit besitzen, eignet sich diese Werkstoffklasse sehr gut zur Substitution anderer hochwertiger Werkstoffe, deren Verfügbarkeit kritisch ist. Die Paarung von hoher Festigkeit und Steifigkeit mit relativ niedrigem Gewicht macht den Einsatz von Faserverbundwerkstoffen überall dort interessant, wo Bauteile bewegt werden, wie allgemein in der Verkehrstechnik, und wo Bauteile Beschleunigungen z.B. als rotierende Teile ausgesetzt sind. Hierdurch können die Faserverbundwerkstoffe zur Rohstoff- und Energieeinsparung einen guten Beitrag leisten und ihr verstärkter Einsatz in der Bundesrepublik Deutschland ist volkswirtschaftlich besonders wichtig.

Die Entwicklung der Faserverbundwerkstoffe hat bis heute erhebliche Fortschritte gemacht. In der Luft- und Raumfahrt werden komplizierte Faserverbund-Bauteile mit Erfolg eingesetzt. Aber nicht nur bei den hochtechnologischen Anwendungen sondern auch im Bereich einfacherer Massenbauteile gibt es Beispiele für den Einsatz der Faserverbundwerkstoffe. Ein wünschenswerter Durchbruch dieser Werkstoffklasse insbesondere auf dem letztgenannten Sektor der Massenteile ist jedoch noch nicht erfolgt.

Die Industrie erkennt die Möglichkeiten, die die Faserverbundwerkstoffe bieten, und steht dem Einsatz dieser Werkstoffe grundsätzlich positiv gegenüber. In den Diskussionsbeiträgen wurde deutlich gemacht, daß eine Reihe noch ungelöster Probleme die Bauteilproduktion aus Faserverbundwerkstoffen in weiten Bereichen verhindern. Problematisch ist insbesondere der noch viel zu hohe Preis der Faserverbundwerkstoffe, der sich aus den hohen Faserkosten und der noch teuren Herstellung ergibt. Die Herstellungs- und Weiterverarbeitungstechnologien von Bauteilen sind noch sehr kompliziert und aufwendig. Sie sind darum nicht nur teuer, sondern überfordern auch oft die betrieblichen Möglichkeiten bei der Massenproduktion. Die noch unzureichenden Kenntnisse der Werkstoff- und Bauteilkenndaten bilden ein weiteres wichtiges Problem. Immer wieder wurde bei der Diskussion hervorgehoben, daß viele Konstrukteure nicht motiviert seien und unzureichende Kenntnisse besäßen, um mit Faserverbundwerkstoffen zu konstruieren.

Nach den anfänglichen Erfolgen der Forschung auf dem Gebiet der Faserverbundwerkstoffe ist die Entwicklung in eine neue Phase eingetreten. Jetzt sind umfangreiche Arbeiten insbesondere auf technologischem Gebiete notwendig, um die Barrieren abzubauen, die der breiten Anwendung der Faserverbundwerkstoffe im Wege stehen. Die Ausweitung des Einsatzes der Faserverbundwerkstoffe ist nur langfristig zu erwarten. Eine zusätzliche Unterstützung durch die öffentliche Hand könnte die Lösung der Probleme forcieren und den erwünschten Durchbruch der Faserverbundwerkstoffe in absehbarer Zeit realistisch erscheinen lassen.

AUTORENVERZEICHNIS

Bunk	Wolfgang, Prof. Dr.rer.nat. Deutsche Forschungs- und Versuchsanstalt für Luft- und Raumfahrt e.V., Institut für Werkstoff-Forschung, Köln-Porz
Federmann	Helmut, Dr.rer.nat. Felten & Guilleaume Carlswerk AG, Köln-Mülheim
Gebhardt	Helmut, Ing.(grad.) Vereinigte Aluminium-Werke AG Leichtmetall-Forschungsinstitut, Bonn
Gruber	Philip E., Dr.rer.nat. Forschungsinstitut Berghof GmbH, Tübingen
Gruhl	Wolfgang, Prof. Dr.-Ing. Vereinigte Aluminium-Werke AG Leichtmetall-Forschungsinstitut, Bonn
Hansen	Jörn, Dr.rer.nat. Deutsche Forschungs- und Versuchsanstalt für Luft- und Raumfahrt e.V., Institut für Werkstoff-Forschung, Köln-Porz
Ibe	Gerhard, Dr.-Ing.habil. Vereinigte Aluminium-Werke AG Leichtmetall-Forschungsinstitut, Bonn
Levacher	Friedrich K., Dr.rer.nat. Felten & Guilleaume Carlswerke AG, Köln-Mülheim
Sievers	Günther, Dr.-Ing., Regierungsdirektor Bundesministerium für Forschung und Technologie, Bonn

LISTE DER FORSCHUNGS- UND ENTWICKLUNGSVORHABEN

01 ZA 065 Forschungsinstitut Berghof GmbH, Tübingen
1.10.1974 - 31.3.1978 763 TDM Zuschuß
"Herstellung von verbesserten Siliciumcarbidfäden für Verbundwerkstoffe"
(veröffentlicht als BMFT-Forschungsbericht)

01 ZA 036 Forschungsinstitut Berghof GmbH, Tübingen
1.8.1976 - 31.3.1978 189 TDM Zuschuß
"Erstellung einer Pilotanlage mit zwei Reaktoren und Produktion von Versuchsmengen Siliciumcarbidfasern"
(veröffentlicht als BMFT-Forschungsbericht)

01 ZA 038 Forschungsinstitut Berghof GmbH, Tübingen
1.1.1979 - 31.8.1979 34 TDM Zuschuß
"Entwicklung von faserverstärkten Verbunddrähten aus Stahldraht oder Siliciumcarbidfasern in Aluminiummatrix"

01 ZA 012 Felten & Guilleaume Carlswerk AG, Köln-Mülheim
1.1.1973 - 30.6.1976 474 TDM Zuschuß
"Faserverstärkte Metallwerkstoffe, insbesondere faserverstärkte Aluminiumprofile"

01 ZA 016A Felten & Guilleaume Carlswerk AG, Köln-Mülheim
1.7.1976 - 31.12.1979 475 TDM Zuschuß
"Faserverstärkte Metallwerkstoffe, insbesondere faserverstärkte Aluminiumprofile"

01 ZA 019 Felten & Guilleaume Carlswerk AG, Köln-Mülheim
1.5.1979 - 31.12.1979 25 TDM Zuschuß
"Herstellung von faserverstärkten Verbunddrähten aus Stahldraht und Siliciumcarbidfasern in Aluminiummatrix"

01 ZA 068 Felten & Guilleaume Carlswerk AG, Köln-Mülheim
1.1.1979 - 31.12.1980 250 TDM Zuschuß
"Entwicklung von Kardanwellen aus Verbundwerkstoffen"

01 ZA 014 Vereinigte Aluminium-Werke AG
Leichtmetall-Forschungsinstitut, Bonn

1.1.1974 - 31.12.1975 105 TDM Zuschuß

"Untersuchung und Entwicklung von Verfahren zur Halbzeugherstellung aus faserverstärkten Aluminiumlegierungen unter besonderer Berücksichtigung keramischer Verstärkungsfasern"

01 ZA 026A Vereinigte Aluminium-Werke AG
Leichtmetall-Forschungsinstitut, Bonn

1.7.1976 - 31.12.1979 508 TDM Zuschuß

"Faserverstärkung von Aluminiumlegierungen"

Nichtmetallische und metallische Werkstoffe, Fahrzeugtechnik, Strömungsmaschinen

Interessiert sind Konstrukteure im Kraftfahrzeug- und Turbinenbau, Werkstoffwissenschaftler, Keramikindustrie, Hochschulinstitute der vorgenannten Fachgebiete

---

Statusseminar im Auftrag des Bundesministeriums für Forschung und Technologie

Keramische Komponenten für Fahrzeug-Gasturbinen

Herausgeber: Projektträgerschaft „Metallurgische Verfahrenstechnik, Werkstoffentwicklung, Rückgewinnung" bei der DFVLR Köln

Wissenschaftliche Leitung und Redaktion: W. Bunk, M. Böhmer

1978. Etwa 400 Seiten.
Geheftet DM 98,–
Berlin-Heidelberg-New York: Springer-Verlag
ISBN 3-540-09049-5

Inhaltsübersicht: Eröffnung und Begrüßung. – 20 Beiträge über die verschiedensten Forschungsvorhaben zu diesem Themenkreis. – Schlußwort.

Seit 1974 wird vom Bundesministerium für Forschung und Technologie ein Projekt gefördert, an dem zahlreiche Firmen der deutschen Kraftfahrzeug- und Keramikindustrie beteiligt sind. Dieses Projekt „Keramische Bauteile für die Fahrzeug-Gasturbine" hat zum Ziel, durch Anwendung keramischer Werkstoffe auf der Basis Siliziumnitrid und Siliziumkarbid die Arbeitstemperatur ungekühlter Kleingasturbinen so weit zu erhöhen, daß ein wirtschaftlicher Einsatz als Fahrzeugantrieb möglich ist.
Das vorliegende Buch ist ein Konferenzbericht des vom Träger für das Gesamte Projekt, dem Institut für Werkstoff-Forschung der Deutschen Forschungs- und Versuchsanstalt für Luft- und Raumfahrt in Köln, veranstalteten Statusseminars, bei dem über den Fortschritt der Forschungs- und Entwicklungsarbeiten berichtet wurde.

Springer-Verlag Berlin Heidelberg New York

GPSR Compliance

The European Union's (EU) General Product Safety Regulation (GPSR) is a set of rules that requires consumer products to be safe and our obligations to ensure this.

If you have any concerns about our products, you can contact us on ProductSafety@springernature.com

In case Publisher is established outside the EU, the EU authorized representative is:

Springer Nature Customer Service Center GmbH
Europaplatz 3
69115 Heidelberg, Germany

Batch number: 10704713

Printed by Printforce, the Netherlands